ラジオは真実を報道できるか

ラジオフォーラム×小出裕章

ラジオは真実を報道できるか

市民が支える「ラジオフォーラム」の挑戦

岩波書店

はじめに

「ラジオフォーラム」という報道ラジオ番組をご存じでしょうか？　放送局ではなく、有志で番組を制作、全国各地のリスナーがスポンサーという、画期的な試みです。石井彰・石丸次郎・今西憲之・景山佳代子・谷岡理香・西谷文和・湯浅誠が、交代でパーソナリティーを務め、「ジャーナリズムの広場を作る」を合言葉に掲げて放送を続けています。

「ラジオフォーラム」誕生の背景には、真実の報道、自由な報道を求める、多くの人びとの熱い思いがありました。

本書では、その誕生から今日までの歩み、ジャーナリズムのあるべき姿、取材活動の報告などを、パーソナリティー七名が綴ります。レギュラー出演者・小出裕章助教による〈特別寄稿〉、木内みどりさんとの〈対談〉も掲載しました。

マスメディアが報じない「真実」を知るために、ぜひ本書を手に取っていただき、「ラジオフォーラム」をお聴きください。

● 目次

特別寄稿

「ラジオフォーラム」という希望

小出裕章

戦争と責任

戦争などいつの時代も愚かなものだ。もちろん、第二次世界戦争も、愚かなものだった。そして日本にとってはあまりに無謀なものだった。長い間、鎖国を続けていた日本は、一九世紀後半に帝国主義による植民地分割競争の中に投げ出された。アジア諸国は次々と欧米諸国の植民地に落ちて行った。大政奉還で天皇が返り咲いた日本は一九八九年に大日本帝国憲法を発布、遅れた帝国主義国として植民地分割戦争へ参戦した。日清、日露の戦争を経、一九三一年からは満州への侵略を開始、いわゆる十五年戦争に突入した。しかし、新参の帝国主義国がいつまでも野放しにされるはずもなかった。ＡＢＣＤ（米国〔America〕、英国〔Britain〕、中国〔China〕、オランダ〔Dutch〕の頭文字）包囲網による日本への石油禁輸制裁を受け、いよいよ日本は太平洋戦争へと追い込まれた。一九四一年一二月八日の真珠湾奇襲作戦であたかも日本が勝ったかのように思ったのだが、そんなものは長く続かない。満州侵略から始まって長くアジアに伸びていた戦線は、太平洋戦争の勃発とともに一時はオーストラリアに至るまで長く伸びた。もともと底力のない日本の軍隊は、早くも一九四二年六月のミッドウェー海戦で大敗。一気に敗北の道に落ちる。一九四四年にはサイパンにいた日本軍は玉砕、テニアン島もグアム島も次々と米軍の手に落ちた。日本本土も米国爆撃機の攻撃範囲に入り、次々に空襲を受けて焼け落ちた。一九四五年三月一〇日には、東京が空前絶後の空襲を受け、市街地の四〇%が焼き払われ、一〇万人の人が焼き殺された。それでも、日本は国体護持を理由に戦争を続けた。八月になって広島、長崎と二発の原爆を受けた。大人も子どもも、男も、女も、生身の人間が生きていた街であった。それを承知の上で、米国は原爆を投下したし、二つの都市は、一瞬にして壊滅した。東京大空襲で東京に飛んできたB29大型爆撃機は三四四機、落とされた爆弾の総量は一八二五トンであった。それに対して広島と長崎に飛んできた飛行機はそれぞれ三機、落とされた原爆はそれぞれたった一発であったが、その爆発力は広島原爆が一万六〇〇〇トン(TNT換算)、長崎原爆は二万一〇〇〇トン(TNT換算)であった。そして、それぞれ一〇万に近い人たちが一瞬に殺され、やはり一〇万を超える人々は「ヒバクシャ」となってその後の人生を奪われた。同時にソ連が戦争に参入、日本は万策尽きて無条件降伏した。

この戦争を仕掛けた軍部の中にさえ、あまりにも無謀なこの戦争は決して勝てないことを知っていた人もいた。それでも、誰も戦争を止められなかったし、軍部は一切の情報を統制し、戦争遂行に必要な情報だけを流し続けた。日本のマスコミも積極的に大本営発表を流し、国民を戦争に駆り立てた。連戦連勝の報道を流したし、玉砕して壊滅した軍についても転戦したと報じ続けた。そして、大多数の国民は、日本には現人神の天皇陛下がいる、必ず戦争に勝つと教えられ、それを信じた。学校教育も、教室に御真影を掲げ、校内に奉安殿を作って万世一系の天皇を賛美し、子どもたちを戦争に駆り立てた。それでも、その戦争に反対した人はいたし、彼らは特高警察に虐殺された。また、一部の人は隣人によって「非国民」のレッテルを張られ、一族郎党が村八分にされて抹殺されていった。この戦争、誰の目にも敗北が分かってきても、誰にも止められなかった。戦争を始めることは容易だが、戦争を終わらせることには無限の困難が伴い、徹底的な破壊を受けない限り戦争は止められない。

一九四五年八月一五日、ポツダム宣言を受け入れるという昭和天皇の「玉音放送」が流され、日本は無条件降伏した。現人神として、そして大元帥として日本国を戦争に駆り立てた天皇が敵国に対して無条件降伏したのであるが、それでも天皇の声は「玉音」とされた。天皇陛下万歳と叫んで死んでいった若者たちの命、一方の当事国米軍による原爆も含めた無差別殺戮で殺された子どもを含めた人たち、そして、西欧による植民地化から守るといいながら、日本の植民地にされて殺されたたくさんのアジアの人々。何故そんなことになってしまったのかについて誰も反省しないままだった。日本だけで二〇〇万人、アジアでは二〇〇〇万人が死んだとされる第二次世界戦争。この膨大な被害者に対して加害者は誰なのか？　戦争犯罪人を裁くとされた「東京裁判（極東国際軍事裁判）」が行われ、「平和に対する罪（A級犯罪）」で二五名が有罪となった。さらに、「通常の戦争犯罪（B級犯罪）」、「人道に対する罪（C級犯罪）」で多数の人が有罪とされた。しかし、昭和天皇は免罪された。裁判など時の権力の意向でどうにでもなるものだが、戦後の日本の支配を容易にするための米国の意向であった。日本では陸軍大将で、皇族であった東久邇宮稔彦王が戦後初の内閣総理大臣となり、「全国民総懺悔することがわが国再建の第一歩であり、わが国内団結の第一歩と信ずる」という、いわゆる「一億総懺悔」発言を行った。そして、天皇制は温存され、日本は米国による防共の砦とされた。それまで日本の国家に従って鬼畜米英と報じてきたマスコミは、より強大な米国という権力に支配されると、やすやすとその支配に屈服し、一斉に民主主義を賛美し始めた。教育の場では一斉に教師が教科書に墨塗りした。

終戦当時の日本にはたしかに一億近い人口があったが、一九五二年のサンフランシスコ講和条約発効とともに、それまで天皇の赤子とされていた朝鮮人、台湾人は日本人ではないとして国籍をはく奪され、一九四五年当時の日本人の人口は七二〇〇万人とされた。日本が連合国に対して無条件降伏した八月一五日を韓国では「光復節」と呼び、朝鮮民主主義人民共和国では「祖国解放記念日」と呼ぶ。しかし、日本では「終戦記念日」と呼び、あたかもただ自然に戦争が終わったようだ。いったい愚かな戦争、無謀な戦争の責任はどこにあったのか、戦争責任の問題はいまだに日本では明らかにされていない。

原子力と戦争

前項で述べたように日本は一九四五年に広島・長崎に二発の原爆を投下された。広島の原爆で核分裂したウランの重量は八〇〇グラム、長崎の原爆はウランではなくプルトニウムを材料に作られていたが、核分裂したプルトニウムの重量は一一〇〇グラムであった。大人であれば誰でも片手で持てる程度の重量である。たったそれだけの物質が発生した巨大なエネルギーを見て、人々は原爆という兵器の恐ろしさを知った。そして、米国が戦後の世界の支配権を握った。しかし、一九四九年にはソ連が原爆実験を成功させ、米国による核の独占は崩れた。米国は世界的な核の管理を強めることを画策し、一九五三年一二月に当時の大統領アイゼンハワーが国連で「Atoms for Peace」演説を行い、過剰となって重荷となってきた核(=原子力)施設を商業利用で温存させる一方、国際原子力機関を作って非核保有国への核技術の移転を阻止することに乗り出した。「原子力の平和利用」なる言葉は、日本だけでなく、世界中に広まり、原爆が示した巨大なエネルギーを人類のために使えないかとの期待が生まれた。かく言う私自身もその一人であった。原爆を落とされた国民として、それを悲劇で終わらせず、巨大なエネルギーを人類の平和のために役立てたいと思うようになった。

そして日本では、「核」は軍事利用、「原子力」は平和利用として、あたかも両者が違うかのように国家が国民を洗脳することにし、マスコミが積極的にそれを宣伝し、多くの国民がその宣伝に騙されてきた。しかし、技術には「平和利用」も「軍事利用」もない。「平和利用」を標榜して獲得した技術も、必要となればいつでも「軍事利用」に使える。あるのは「平時利用」と「戦時利用」である。一九六九年九月に外務省・外交政策企画委員会が作成した「わが国の外交政策大綱」には、「核兵器については、NPT(Nuclear Non-Proliferation Treaty 核拡散防止条約)に参加すると否とにかかわらず、当面核兵器は保有しない政策はとるが、核兵器製造の経済的・技術的ポテンシャルは常に保持するとともに、これに対する掣肘を受けないよう配慮する。又、核兵器の一般についての政策は国際政治・経済的な利害得失の計算に基づくものである」と書かれている。また、外務省幹部は一九九二年一一月に「個人としての見解だが、日本の外交力の裏付けとして、核武装の選択の可能性を捨ててしまわない方がいい。保有能力はもつが、当面、政策として持たない、という形でいく。そのためにも、プルトニウムの蓄積と、ミサイルに転用できるロケット技術は開発しておかなければならない」と述べている（『朝日新聞』一九九二年一一月二九日）。何のことはない、日本は平和利用を標榜しながら、核武装の能力を持つために「原子力」を進めてきたのである。マスコミは積極的に「原子力平和利用」の夢を振り撒き、多くの国民はまたまた騙された。それどころではなく、日本のマスコミは、原子力は化石燃料が枯渇した後の未来のエネルギー源、原子力発電は安価、原子力発電は巨大な事故など決して起こさないと、国家の先兵として宣伝を流し続けた。まさに、戦争中の大本営発表と、それを流したマスコミの姿そのままである。

日本の国家が、核＝原子力を進めると決め、電気事業法を制定し、地域独占企業である電力会社は原子力発電をやればやるだけ儲かる仕組みを保証した。また、原子力発電所が万一の事故を引き起こせば破局的な被害が出るため、民間の保険会社は原子力発電所に関してだけは保険を引き受けなかった。そのため、原子力損害賠償法を制定し、仮に巨大な事故を起こしても、国家が賠償責任を負うとして、電力会社を免責した。そうして初めて、電力会社は原子力に関わることができるようになったし、むしろ国の庇護のもと原子力の推進に邁進した。そして、三菱、日立、東芝など日本の産業の屋台骨を支える巨大企業が原子力から利益を得ようとした。その周辺にはゼネコンが集まったし、そのもとには中小零細の無数の企業がかり集められて原子力に依存する体制が作られた。さらに学者、裁判所、マスコミなども一体となり「原子力ムラ」と呼ばれる強固で巨大な組織を作って原子力を推進してきた。かつての大本営、大政翼賛会と瓜二つである。そうなってしまえば、誰にも原子力の暴走を止められなかった。

先に書いたように、広島原爆で核分裂したウランは八〇〇グラムでしかないのに、今日標準となった一〇〇万キロワットの原子力発電所は一年間に一トンのウランを核分裂させ、それを炉心に溜めこんでいく。万一であろうとそれが環境に噴出してくるような事故が起きれば、破局的被害が出ることは少なくとも原子力の専門家であれば理解できた。そのため、私は、破局的な事故が起きる前に原子力発電を廃絶したいと願った。しかし、「原子力ムラ」の人たちはそうは考えなかった。万一の事故など起きないだろうと高をくくったし、それでも残る不安は、原子力発電所を都会から離すことで、目をつぶろうとした。言うまでもなく原子力発電所は電気を生むための機械であり、発電所は電気を消費するところに作るのが最も効率が良い。しかし、原子力発電所は都会では引き受けることができない危険を抱えているため、過疎地に押し付けられた。そんなことはもともとしてはいけないことであったし、原子力発電所を押し付けられようとした過疎地の人々は抵抗した。しかし、そうした人々はブルドーザーで押し潰されるように消されていった。

そして、残念ながら福島第一原子力発電所の事故が起きた。広島原爆がまき散らした放射能の数百発分もの放射性物質が大気中にばらまかれた。日本にとって幸運だったことは、福島第一原子力発電所は太平洋に面して建てられていて、放出された放射性物質の大部分は偏西風に乗って太平洋に向かって流れた。約一割から二割が日本の国土に降り、強度に汚染された約一〇〇〇平方キロメートルの土地から、人々が生活を根こそぎ破壊されて流浪化した。その周辺には約一万四〇〇〇平方キロメートルに達する大地が、日本の法令に従えば、「放射線管理区域」に指定されなければいけない汚染を受けた。「放射線管理区域」とは一般の人々は立ち入りが許されない場所だし、放射能を取り扱う専門家である私のような人間でも、そこでは水を飲むことも食べ物を食べることも禁じられる場所である。しかし、原子力発電所は絶対安全で、人々の避難訓練すら必要ないと言ってきた日本の国家は、この事故を受けて、自らが作った法令の一切を反故にして、汚染区域に数百万人もの人たちを棄てた。その場所では赤ん坊も子どもも含め、ごく普通の人たちが水を飲み、食べ物を食べ、普通に生活を続けることを余儀なくされている。

こんな大犯罪を起こした責任は一体誰にあるのか？　日本で町工場が毒物を周辺に流せばすぐに警察が踏み込んで、責任者を処罰する。しかし、福島第一原子力発電所を運転し、巨大な事故を起こした東京電力はいまだに会長、社長以下誰一人として責任を問われていない。福島第一原子力発電所の「安全性を確認した」としてお墨付きを与えた学者、政府関係者も誰一人として責任を負わない。先の戦争と全く同じ構図で原子力は進められて来たし、だれも責任を負わないという点でもそっくりである。それどころでなく、一切の責任を取らずに済むと知った彼らは、今は止まっている原子力発電所を再稼働させ、新たな原子力発電所も作り、さらに、原子力発電所を海外に積極的に輸出すると言い出している。権力犯罪はより巨大な権力によってしか裁かれない。「原子力ムラ」は日本国家を土台にした巨大権力であり、その日本の国家を支配しているより巨大な米国は日本を核＝原子力の世界にとどめることを願っている。結局、権力犯罪は裁かれることなく、日本の原子力の暴走は続く。「原子力ムラ」は「原子力マフィア」と呼ぶべき犯罪組織である。

「たね蒔きジャーナル」の存在と消滅

事故が起きて以降も、ほとんどのマスコミは「原子力マフィア」政府、東京電力の発表のみを流した。その中で毎日放送のラジオ報道番組「たね蒔きジャーナル」は違った。「ニュースの種を見逃しません」を標語にしたこの番組は、福島第一原子力発電所事故の前から、大切な事柄を自らの足を使って丹念に取材し、報道してきた。そして二〇一一年三月一一日の事故の直後、三月一四日から私を番組に呼んで、ラジオ放送で私の発言を流してくれるようになった。国や東京電力からの情報しか得ることができず不安を感じていた人々にとっては、大本営発表ではない情報は新鮮だったに違いない。「たね蒔きジャーナル」は大阪のローカルの放送であったが、それを聞いた多くの人が知人に知らせた。中には、番組を録音してインターネットで流す人もいたし、音声を文字に起こして流す人もいた。そうしてインターネットに乗った情報は関西だけでない日本中に、そして世界に広がっていき、多くの人が「たね蒔きジャーナル」の情報を渇いた喉を潤すがごとくに待ち望み、そしてさらに次々と拡散していった。

私は、インターネットは相当に危険なものだと思う。国家は他国の情報を諜報する。米国の国家安全保障局（NSA）による個人情報収集の手口を告発したエドワード・スノーデン氏が暴いたとおりである。それは米国という国家が犯した犯罪であり、本来はそれこそが処罰されねばならない。しかし、罪を犯した米国は、逆にスノーデン氏が罪を犯したとして逮捕命令を出してスノーデン氏を抑圧している。国家が諜報するのは他国でだけではない。自国の国民もまた常に監視の下におこうとする。日本で二〇一四年一二月から施行された特定秘密保護法もそうである。本来の民主主義国家は、国民が国家を監視するものであり、個人情報は大切にされなければならない。しかし、今の日本では、逆に国家が、国家の秘密を保護し、国民の情報を暴いて管理しようとする。そして、国家からすれば、インターネットほど情報収集に便利なものはない。個人情報は満載であるし、国家にとって気に入らない個人、組織があれば、その情報を一括あるいは芋づる式に入手できる。次の戦争が起きれば、国家は戦争に抵抗する人たちのインターネット情報を必ず利用し、一括して弾圧してくるであろう。それでも、今回、大本営発表でない情報を無名の庶民が全世界に届けることができるという点で、庶民にとってインターネットは強力な武器となった。今後も、その役割は続くであろう。一人ひとりの庶民は、権力に対する警戒心を保ちながら、大本営発表でない情報を流すという難しい役割を担うことが求められる。

そして、「たね蒔きジャーナル」は二〇一二年九月末に、番組そのものが潰されてしまった。そうなりそうだとの知らせを受け、たくさんの人が毎日放送に「たね蒔きジャーナル」を潰さないように働きかけた。その中には、「ラジオフォーラム」の母体を背負った人々もいて、積極的に活動し、一〇〇〇万円を超えるカンパも集めてくれた。私も彼らとともに毎日放送に出向いて、「たね蒔きジャーナル」をつぶさないように依頼し、集まったカンパをすべて毎日放送に渡すとの提案もした。「たね蒔きジャーナル」はすぐれた報道番組であり、かりに私の出演が気に入らないのであれば私は出なくてもいいので番組を存続させてくれるように頼んだ。しかし、電力会社は巨額の資金を使ってマスコミを抱き込んでおり、「たね蒔きジャーナル」の存続は許されなかった。もともと、一〇〇〇万円を超えるカンパは「たね蒔きジャーナル」存続のために使うとして集められたものであり、存続がかなわないのであれば、そのカンパはすべて返却すべきと、私は運動を担った人たちに頼んだ。彼らは私の提案を受け、返却に積極的に動いてくれた。それでもカンパの返却は不要と言ってくれる人もまたたくさんおり、九〇〇万円余りが残った。それを資金にして、「ラジオフォーラム」は立ち上がった。

ジャーナリズムの役割、「ラジオフォーラム」への期待

福島第一原子力発電所事故の後、たくさんの人が私の意見を聞いてくれるようになったし、海外からもたくさんのジャーナリストが取材にやってきた。そして海外からのジャーナリストが必ず私に聞くことが幾つかあった。その一つは、「なぜ日本のマスコミは政府発表ばかり流すのか?」というも

のである。それに答えて、私は戦争中の大本営発表と日本のマスコミの例を挙げ、かつての戦争と現在の原子力は全く同じ構造になっていることを伝えた。それでも海外からの多くのジャーナリストは納得しなかった。ジャーナリズムとは真実を追求し報道するもので、むしろ国家や権力の暴走に歯止めをかけるのが使命であると彼らは思っていた。しかし、残念ながら日本のマスコミは違っている。むしろ権力に忠実に従うことで自らの安泰を守ってきたのである。

ただ、いつの時代、どこの国でもそうであったように、気骨のある人たちはいるし、ジャーナリズムの現場にもいる。本書に執筆しているジャーナリストたちがそうである。放送を維持するためにスタジオを借りたりする費用はいるが、私も「ラジオフォーラム」のパーソナリティーも、無償である。国家、権力の側からではなく、虐げられようとする民衆の側に立って丹念に情報を集め、そして報道する。ジャーナリズムの原点を守ろうとする人々である。「たね蒔きジャーナル」存続のために集まった資金は当初一年で尽きると思っていたが、その後も、今度は「ラジオフォーラム」の維持のためにカンパを寄せてくれる人たちがいる。

かつての戦争を誰も止められなかったように、原子力の暴走も誰も止められなかった。むしろマスコミは積極的に加担し、今もまた加担している。そして、戦争責任を誰も負わなかったように、福島第一原子力発電所事故の責任も誰も負わない。歴史は巨大な流れとなって流れ、大本営発表しか流されない時代に、歴史の巨大な流れに流された人々はもちろんたくさんいた。というよりはほとんどの人が流された。そして、戦争に反対したごく少数の人々に「非国民」のレッテルを張り、村八分にして自らの手で抹殺していった。それを仕方ないことだった、あるいは自分たちは騙されていたのだと自己弁護するなら、また悲惨な歴史はやってくる。未来の時代にインターネットを使って庶民自身が戦いを担う必要はあるし、おそらくはそうなるだろう。しかし、庶民一人ひとりが戦うのだから、テレビ、ラジオ、新聞などマスメディア自体が責任を果たさないでよい、ということにはならない。福島第一原子力発電所事故が起きてしまった今、原子力はさらに暴走しようとしている。今後も、戦争はもちろんのことだし、核＝原子力については「原子力マフィア」からの情報が圧倒的だろう。多くの人はそのマスメディアの情報に流され、あるいは騙される。しかし、真実を知ろうという人もいる。私たち一人ひとりが歴史にどのように向き合い、生きるのか、未来の子どもたちから必ず問われる。大切なのは、歴史の一点に生きる私たち一人ひとりが、どのように自己責任を果たすかということである。「ラジオフォーラム」が担うべき役割は大きいし、いつまでも続いてくれることを私は願う。

ラジオフォーラム
RADIO FORUM

「ラジオフォーラム」ロゴ・キャラクター

「ラジオフォーラム」は，放送本来の役割である「報道・ジャーナリズム」の実現を目的としています．番組の制作・継続のため，皆様にサポートをお願いしております．詳しくは「ラジオフォーラム」ウェブサイトをご覧ください．

1 「ラジオフォーラム」前史

湯浅　誠

活動していると予想外のことに踏み込むハメになることは少なくないが、まさか自分がラジオ番組制作に関わることになるとは思わなかった。

発端はeメールだった。

二〇一二年八月初旬、いつものように大量のメールを読み流していく中で、一通のメールが目に止まった。

MBS（毎日放送）のラジオ番組「たね蒔きジャーナル」が打ち切りになる、ついては、打ち切りを取りやめてくれるよう署名を集めている人がいるので協力しよう、との簡単な紹介メールだった。詳しいことは書いていなかった。

当時、私は大阪で半年限りの活動を始めたところだった。とはいえ、東京での活動もあり、毎日のように東京～大阪間を行き来していた。そのメールを私は東京で見たが、翌日また大阪に行く予定だった。そして大阪に着いたらすぐ、ＭＢＳのテレビ取材が入っていた。

私は「たね蒔きジャーナル」に出演したことがあった。二〇〇八～二〇〇九年の年越し派遣村のころだったと思うが、東京でＭＢＳのインタビューを受け、またスタジオでゲスト出演したこともあった。出演したことのある番組には、それなりの親近感がある。

さらに私は、当時「たね蒔きジャーナル」のリスナーだった。原発事故以降、「大変なことが起こっているが、そもそもベクレルってどういう意味？」という知識レベルでしかなかった私は、インターネットで流れてくる小出裕章氏の解説を毎日のように聴いていた。忙しいときも、一週間分まとめてフォローしていた。私の原発問題に関する知識のかなりの部分は「たね蒔きジャーナル」から提供してもらったと言っても過言ではなかった。

私は、自分の中に、番組打ち切りに関心を寄せる理由があった。

翌日、私は取材に来たＭＢＳのディレクターに「逆取材」をした。番組打ち切りの理由と背景は何か、と。

テレビのディレクターであるその人は、必ずしもラジオ番組の内情に詳しいわけではなかった。ただ、わかってきたのは「原発問題をめぐる政治的圧力」というよりは、「利潤最大化を目的とする企業体としての経営判断」の面が大きいらしい、ということだった。

前後して、原発問題に敏感な『東京新聞』がその問題を取り上げていたが、そこでも経営問題であるらしいことが示唆されていた(記事参照)。

私は、それなら関わる余地があるかもしれない、と思った。

問題は番組を打ち切ろうとしているMBSと同じテーブルにつけるかどうかだ。仮にあったとしても、MBSが認めるわけがない「政治的圧力」が理由では話し合いは成立しない。しかし経営問題ということなら、関わる余地が生まれる。カネの問題ならカネで解決できる。

『東京新聞』2012年8月4日朝刊より

重要なことは、表向きであれ何であれ、どんな理由が立っているか、だ。仮にそれがタテマエで、ホンネが別のところにあったとしてもかまわない。たとえタテマエであっても、相手方が自分で設定したタテマエは、タテマエ上、否定できない。仮にホンネが別にあった場合でも、そのタテマエを入口とすることで、ホンネに至る通路も開ける。

私は考えた。

カネが問題ならば、カネを集めればいい。

問題は、どうやって集めるかだ。

当時、原発問題は、「再稼働反対」の官邸前行動が大きな盛り上がりを見せており、注目度は高かった。「たね蒔きジャーナル」の打ち切りを、原発問題の文脈で捉える人たちは相当数いるだろう。他方、原発問題に集約させすぎると、広がりに欠けるおそれも出てくる。「原発反対派が、ありもしない政治的圧力をかぎつけて、陰謀論的に騒いでいる」という受け止めが出てきてしまうと、共感が広がらず、結果的にカネも集まらないだろう。

原発問題に関心の強い層の共感を呼び起こしつつも、同時にそれだけではないことも示しつつ、かつ人々が納得してお金を寄付してくれる〝構え〟を打ち出す必要がある。

そのためにはどうするか。

私の念頭には、当時の大阪の状況があった。

当時、二〇一一年一一月の大阪府知事・大阪市長のW選挙を制した大阪維新の会が、破竹の勢いだった。大阪維新の会の代表で、大阪市長に就任した橋下徹氏は、府・市二重行政の解消を旗印に、さまざまな改革を打ち出しており、その対象は、人権博物館、平和記念館、男女共同参画センター、文楽、市立オーケストラ等々、多様な分野に及んでいた。

補助金カットの対象になった諸施設・諸団体は当然ながら反発したが、「補助金頼みでなく、自助努力による自立」を強調する橋下氏のスタンスに共感する市民が多数いたことも事実だった。

補助金カットの背景には、平松茂夫・前大阪市長を支持した既成政党の支持基盤を弱体化させる狙いがあるというのが、玄人筋の見立てだった。そうした政治性が要因の一つである可能性は十分考えられたが、橋下氏が強調していたのは、市政経営上の問題、つまりカネだった。

この橋下大阪市長と補助金対象の関係が、MBSと「たね蒔きジャーナル」の関係に似ている、と私は考えていた。

そして市政の問題で、タクシーの運転手にそれとなく聞いてみたり、喫茶店の隣席から聞こえてくるサラリーマンの会話に耳を傾けてみると、少なからぬ声が「政治的にはどっちもどっち。しかしより一層の自助努力が必要なのは当然」と言っていた。

「たね蒔きジャーナル」の取組も、こうした人たちに拒否感を抱かせないような性質のものにする必要があった。実際にその人たちに届くかどうかと言えば、社会的には小さい取組であり、その可能性は高くない。しかし仮に届かないとしても、そのような〝構え〟は必要だ。そうでなければ、上下左右、あらゆる政治的・経済的階層を相手に運営している放送会社が相手にしてくれる可能性も生まれないだろう、と私は考えた。

もう一つ私の念頭にあったのは、「たね蒔きジャーナル」というラジオ番組のメディアにおける立ち位置という問題意識だった。

SNSの発達に原発事故報道への不信感が重なって、マスメディアに対する信頼感は地に堕ちていた。

マスメディアが反省すべき点があるのは間違いないとして、しかし「マスゴミ」と言い立てる人たちのネット上の言説が、社会を成熟させていっているかといえば、そうは思えない状況もあった。

一方に「マスメディアの言うことは一切信用できない」と、マスメディアの情報を否定する言説を、マスメディア情報を否定しているから信用できるに違いないとばかりに無批判に信頼・拡散する人たちがある。他方に「つきあいきれない」とばかりに、その奥にある不安を汲み取ろうとしなくなるマスメディアがある。これは、相互不信にもとづく分極化であり、マスメディアとネットメディアが築くべき建設的な緊張・補完関係による社会の成熟からもっとも遠いものだ。

また、同様の状況は、間接民主政(議会)と直接民主政(デモ等)の関係にも表れていた。お互いが、相手への不信感をテコに自らの求心力を保とうとするかのような構造が、そこでも散見された。

そうした社会のセグメント化は、人々から対話への意欲を奪い取る。そして強いリーダーシップで対立を「克服」する独裁的な指導者を許容するメンタリティをはぐくむ。それは、相手国への不信感から国内の求心力を醸成していく狭量なナショナリズムに容易に転化する――というのが歴史の教訓だ。私はあやうい状況だと感じていた(その心配はあながち杞憂でもなかったと、三年後の今、感じている)。

そうした問題意識をもっていた私にとって、「たね蒔きジャーナル」のポジションは貴重だった。「たね蒔きジャーナル」は、ＭＢＳというマスメディア企業がつくる番組でありながら、小出裕章氏という反原発の象徴的人物を登用することにより、ネット上で一部の熱烈な支持を得ていた。相互不信に陥りがちな両者を架橋する「芽」がそこにはあった。番組打ち切りは「たね蒔きジャーナル」が蒔いた種から出た「芽」をつみとることになってしまう。これは、一番組の存亡を超え、メディア全体の大局観に立った判断が求められる局面ではないか、と。

こうした問題意識をもちながら、どうやってアピールするかという実践的な取組の仕掛けを検討した結果、私は次のような取組を打ち出した。

（1）打ち切りに直接抗議するのではなく、番組を支えていきたい、お金の問題なら市民が支出する、マスメディア番組を企業スポンサーでなく市民スポンサーが支えるという珍しい形の番組づくりにチャレンジしないか、とMBSに持ちかける。

（2）そのために寄付を募る。目標額は一〇〇〇万円。これは、一時間のラジオ番組を半年から一年間買い取るために必要な相場的な金額だと、ラジオ関係者に聞いた（実際は、夜九時から放送している「たね蒔きジャーナル」のような番組の価格はもっと安いらしいが、MBSにとって「魅力的」と思ってもらえる金額を用意したかった）。

（3）市民の寄付を募るからには、「身を切る改革」が必要だ。しかし「たね蒔きジャーナル」に身を切ってもらうことはできない。そこで、「たね蒔きジャーナル」の出演経験者に寄付の呼びかけ人になってもらい、その人たちが自分自身、番組を支えるために無料出演すると宣言してもらうという形をとった。「それぞれができることをやろう」ということを、言葉だけでなく態度でも示すことで、共感の輪は広がる。

（4）象徴的出演者（いわゆる「キラーコンテンツ」である）小出裕章氏の協力が、まずは欠かせない。他方、小出氏だけでは「問題は、原発報道ではなく、報道番組の存続」という基本線を説得的に示せない。過去の出演者の中から、可能なかぎり幅広い分野のゲスト出演者の協力を仰ぐ必要がある。

こうしてドタバタと呼びかけ人と事務局の態勢を整え、八月一六日、以下の文章を載せたホームページを開設した。

なお、私自身は、呼びかけ人候補者に依頼する手前、自分自身が呼びかけ人になることは避けられないと考えていたが、準備途中で私が出演したのは「たね蒔きジャーナル」の前身番組だったらしいことがわかって、事務局（「すきすきたね蒔きの会」と命名）に専念することにした（後に「たね蒔きジャーナル」に番組名を変更した後も出演していたらしいことが判明したが、すでに遅かった）。

【呼びかけ文】

「たね蒔きジャーナル」を残していただくため、私たちは無料ボランティア出演でＭＢＳの経費削減に協力します。また、市民による番組協賛で「たね蒔きジャーナル」を支えるため、多くの人々に「たね蒔きカンパ」を呼びかけます。

七月下旬、ＭＢＳラジオ「たね蒔きジャーナル」打ち切りの話が、インターネット上などで駆け回りました。八月四日の東京新聞には「一〇月上旬の改編期に別番組をスタートさせる方向で検討している」（関係者談）と報じられ、また、「人手と手間が必要なニュース番組は経費がかかる。（中略）収支を考えると仕方のない面もある」（別の関係者談）として、背景に経費削減問題のある可能性が示唆されています。

たしかに、リーマンショック以降、マスメディアが広告収入減少に苦しんでいることは広く知られており、とりわけラジオ経営が苦しいことは容易に想像できます。したがって私たちはＭＢＳを批判するものではありません。

しかし「たね蒔きジャーナル」のような良質な報道番組が消えていくことは、真実を知りたい人々のため、ひいては自分で考える民主主義のために、非常に惜しいことです。

一　そこで私たちは、過去に「たね蒔きジャーナル」に出演した者がせめて自分たちにできることとして、ＭＢＳへの無料出演を申し出させていただきたいと思います。それによりいくばくかでも経費を浮かせ、良質な報道番組の存続につながることを願います（ＭＢＳの経理上の都合などから実務的に困難な場合には、いったん出演料を受け取った上で後述の寄付口座に寄付します）。

そして、私たち同様、過去に出演した経験をお持ちの方々、またマスメディアなどに出演のご経験をお持ちの方々に広く賛同を呼びかけます。

二　また、多くの市民に、市民による募金で良質な報道番組を維持するため、広く寄付を呼びかけます。これは「たね蒔きジャーナル」存続のための番組協賛費用(いわゆるスポンサー料)とします。

目標額は一〇〇〇万円とします。目標額に到達しない場合でもMBSに存続を願い出る予定です。また、どうしてもスポンサーの交渉に乗っていただけない場合には、良質な報道番組の精神を引き継ぐ番組を支えるなり、東日本大震災の被災地でラジオ放送を続けている岩手・宮城・福島三県のコミュニティFMに寄付させていただくこと(一覧は総務省HPに記載あり。http://www.tele.soumu.go.jp/j/adm/system/bc/now/index.htm。うち三県にあるのは二〇一二年八月一日現在一八箇所)などで活用させていただければと思いますので、この点については呼びかけ人にご一任いただきますようお願いします(九月中に判断して、ご報告します)。

どうか、幅広い人々のご協力をお願いします。

MBSの正式決定が迫っているため、上記いずれも、第一次〆切を二〇一二年八月二七日とさせていただきます。

多くの皆様のご協力を、心よりお願い申し上げます。

二〇一二年八月一六日　呼びかけ人一同

呼びかけ人（順不同）
小出　裕章（京都大学原子炉実験所助教）
飯田　哲也（環境エネルギー政策研究所所長）
原口　一博（衆議院議員）
鎌田　　實（諏訪中央病院名誉院長）
石丸　次郎（ジャーナリスト／アジアプレス）
村井　雅清（被災地ＮＧＯ協働センター代表）
石井　　彰（放送作家）
原　　一男（映画監督／大阪芸術大学教授）
西谷　文和（ジャーナリスト）
おしどり　（漫才師）
今西　憲之（ジャーナリスト）
山本　太郎（俳優）

【事務局】
すきすきたね蒔きの会

幸いにして、この取組は多くの人たちの共感を得て、第二次集約の九月中旬には目標額を超える金額が集まった。

しかし結果としては、この試みは失敗に終わった。

当初難色を示していたＭＢＳも話し合いのテーブルにはついてくれた。私たちは二度、その時点までに集まったお金を持って、番組のスポンサーになりたいと申し出た。私たちはＭＢＳを「突き上げる」ものではない、と繰り返し伝えた。

しかし、力不足だった。

番組編成権はもちろんＭＢＳにある。お金の問題ではなく、ラジオ番組の将来ビジョンの中で「たね蒔きジャーナル」を「発展」させるのが目的だと繰り返した。

そして「たね蒔きジャーナル」は、当初懸念されていた通り、九月末をもって打ち切られた。結果を出せなかったのは、発案者の私の責任が大きい。

九月一九日、以下の声明を発表して、私たちは活動を終息させた。

声　明

本日、ＭＢＳより二〇一二年一〇月の番組改編の発表が行われ、「たね蒔きジャーナル」は改編された番組表から姿を消すことが明らかとなりました。

私たちは、「たね蒔きジャーナル」存続のために、①番組に対する無料ボランティア出演への賛同と②市民スポンサーとしての寄付金を呼びかけてきた者として、今回の発表を受け、私たちの意見を以下のように表明させていただきます。

○「たね蒔きジャーナル」という名前の番組が姿を消したことについて、深い遺憾の意を表明します。率直に言って、日本のラジオのために、また日本のジャーナリズムのために、残念なことだと思います。
○同時に、私たちの呼びかけに応えて、無料ボランティア出演に応じてくれた賛同人の方々、貴重な寄付金を寄せてくださった方々に、私たちの力不足をお詫びします。みなさんのお気持ちをＭＢＳに届け、理解してもらうべく、私たちなりの努力をしてきましたが、結果が伴いませんでした。

○　ＭＢＳは、今回の番組改編について「たね蒔きジャーナル」の発展的解消である旨を述べられています。もとより私たちは「精神は失われるに決まっている」「発展的解消ではない」と否定するものではありません。その可能性はあるだろうと認めます。他方、それは可能性でしかないとも考えています。改編された番組の推移を期待を持って見守りつつも、「たね蒔きジャーナル」という番組が存続しなかったという事実をまずは確認し、重く受け止めます。

○　「たね蒔きジャーナル」というラジオ番組は、視聴者の熱烈な支持を獲得してきました。私たちの呼びかけに対し、賛同人には七三名の方々が応じていただき、寄付金は九六七三六二三円が集まりました（九月七日現在）。別に行われたネット署名にも五〇〇〇人近い方々が応じられていました。視聴者の目線に立った放送が広く共感を呼んでいたことから、私たちはＭＢＳにもその展望に立った判断を期待してきました。それは、平常時・災害時にかかわらず、より多くの人々に多面的な情報を提供することが重要と考えるからです。万が一、その私たちの思いが、特定の企業・団体による「外部圧力」と同類のものとＭＢＳに受け取られてしまっていたのだとしたら、この上なく残念なことです。視聴者との建設的な関係の構築について、より成熟した議論が今後の課題として残されたことになります。

○　私たちは今後、①「たね蒔きジャーナル」存続がかなわなかった場合に返金を希望されていた寄付者の方への返金手続きに入るとともに、②返金を希望されなかった方たちの寄付金についての使途に関する協議に入ります。九月中には賛同人、寄付者の方たちにお知らせするとともに、ホームページ上でも発表します。

○　この間、ご協力いただいたすべてのみなさんに、深く感謝を申し上げます。ありがとうございました。

○　末尾になりましたが、「たね蒔きジャーナル」の最終回となる九月二八日(金)二一〜二二時、最後の放送を聴くため、各自がラジオを持ってＭＢＳ前に集まることを、私たちの最後の呼びかけとします。

二〇一二年九月一九日
呼びかけ人一同

【小出裕章氏メッセージ】

「たね蒔きジャーナル」では、昨年三月一四日以降、大変お世話になりました。国、電力会社などが一体となった原子力の大本営発表のもと、少しでも事実に近い情報を流し続けてくださり、ありがたく思いました。

そして、私がありがたく思うだけでなく、「坂田記念ジャーナリズム賞」を受賞したことで、業界内部でも評価されました。

さらに、毎日放送が聞けるエリアだけでなく、世界の多数の視聴者から、これだけ愛された番組もなかったはずと思います。

それを潰すのであれば、しっかりした説明をしてくれるよう毎日放送にお願いしてきましたが、残念ながら私が納得できる説明は得られませんでした。

ジャーナリズム、報道の本来の仕事を守ってきた「たね蒔きジャーナル」が潰されたことを心から残念に思います。

二〇一二年九月一九日　小出　裕章

返金希望者への返金をすべて終えた後、私たちの手元には九〇〇万円余のお金が残った。その使途をどうするか、最初の呼びかけ文に記載した通り、①被災地のコミュニティFMへの寄付、②後継番組への寄付、を軸に検討が始まった。

しかし、多様な寄付者の中に独自の番組づくりを強く推してくる声があがった。また肝心のコミュニティFMサイドからも「番組をつくって配信してくれたら、放送する」という提案があったことなどから、徐々に後継番組を自分たちでつくるという路線が有力になっていった。

当初、私はその案には否定的だった。ラジオ番組などつくったことがない。勢いでつくれるものとは思えなかった。しかし、後継番組を担っていこうとする人たち（後の「ラジオフォーラム」の運営委員たち）の中には、ラジオ番組制作に精通しているメンバーもいた。

私自身も、徐々に「できるというなら、やってみるか」という気持ちに傾いていった。

そして、決定時期の一か月の延期を経て、一〇月末に寄付者らに送付した文章で、私たちは自分たちの手による番組づくりに踏み出した。

ご寄付、ご協力いただいたみなさまへ

《今後についての現状の報告と、新たなお願い》

まず九月二八日「たね蒔きジャーナル」最終回以後、御無沙汰したことをおわびいたします。

この一か月余り、存続を求めた取組の今後と、皆さんからお預かりした一千万円余の貴重な寄付金の今後の使途について、存続運動を担ったメンバーで集まり、何度も真剣な議論を重ねてきました。

と同時に「たね蒔きジャーナル」を資金面でも支えようという提案に応えて、全国各地そして世界からも寄せられた一千万円余の貴重なお金について、「たね蒔きジャーナルが存続しなかった場合にはご返金します」という、当初からのお約束をかなえるために、返金の手続きをしてきました。返金作業はすべて終了いたしました。

その一方「お金は返さなくていいから、なにか有効なことに使ってほしい。使い方はおまかせします」という、たくさんの方たちからのお申し出も寄せられました。その結果、九〇〇万円余のお金が残りました。嬉しいと同時に、皆さんの私たちへの信頼と期待の重さを、ずしりと受け止めています。

その結果、皆さんからの期待に応える方法として「番組存続運動に参加したメンバーが中心になり、また新しい人たちの協力も得ながら、自分たちで「たね蒔きジャーナル」の精神を引き継ぐような番組を作って放送しよう」という、持続力と新たな力を必要とする大変難しい道を選びました。放送本来の仕事である「報道・ジャーナリズム」を私たち自身も担っていきたいと考えたからです。

また継続的な番組作りと、放送への市民参加を支えるために、新たなグループを作る準備も始めることになりました(末尾に記載)。皆さんからお預かりした九〇〇万円余の貴重な志とお金は、この新たな団体に引き継いで基金として、管理・運営しようと考えています。またこの新団体では独自に資金集めなども行い、ただ基金を使うだけでなく、さらに大きく広げることを目指したいと考えています。

現在、新番組作りの準備(スタッフ集め、内容の検討、ゲスト・スポンサー交渉)と、地上波ラジオ放送局に放送してもらうための要請などを進めています。番組には小出裕章京都大学原子炉実験所助教にも継続的に出演してもらう予定です。

ただ、ラジオ局への交渉は、そうスムーズには進んではいません。そのため皆さんへの報告が遅れたことをおわびします。それは、既にどこのラジオ局でも一〇月から新番組編成による放送が始まっており(通常、新番組の準備は遅くとも放送開始の三か月前の七月頃から始まります)そこに後から急に割り込むことは難しいこと、また「たね蒔きジャーナル」はいろんな意味で有名になっており、その精神を引き継ぐような番組を放送することには、放送局側にも「ある種のためらい」があるからです。

その一方、いくつものコミュニティFM放送局(市町村単位のエリアで放送している)からは、「ぜひうちで放送したい」という、有り難い協力の申し出もいただいています。

そこで、私たちは新たな団体を一一月一日を持ってスタートさせ、来年一月から新番組の放送を目指して、新たな活動をスタートさせたいと思います。

新番組の放送は、地上波ラジオ放送局での放送を簡単にあきらめることなく粘り強く働きかけながら、もしそれがすぐに無理な場合でも、北海道、宮城、大阪、兵庫、福井などのコミュニティFM放送とインターネットラジオで放送を始める予定です。特に原発立地県で、なおかつその地域の電力会社の資本が入っていないコミュニティFM放送局を中心に、放送の輪を広げるつもりです。

あまりかんばしい画期的な報告ができない、私たちの非力さを情けなく思いながらも、なんとか「たね蒔きジャーナル」がまいた種から生まれ、新たな放送への市民参加(資金面でもラジオ番組を支えよう)の芽生えを枯らすことなく、小さくともしっかり育てて根づかせていきたいと願っています。ぜひ皆さんの、さらなるお力添えをお願い致します。

これに伴い、八月以降「たね蒔きジャーナル」の存続を求めてきた取組を解散し、一一月一日より、新しい団体と事務局を発足させます。無料ボランティア出演や寄付をお申し出いただいた方たちに感謝いたします。

二〇一二年一〇月三一日
呼びかけ人一同
事務局「すきすきたね蒔きの会」一同

二〇一二年一一月一日より、「ラジオ・アクセス・フォーラム(RAF)設立準備会」が発足します。今後の連絡は、下記にお願いします。今後の運動の進め方や新番組のタイトルや内容へのご提案をお待ちしています。

一一月一日以降のご連絡は、以下におねがいします(「すきすきたね蒔きの会」のHP等は閉鎖されます)。

【ラジオ・アクセス・フォーラム(RAF)設立準備会】
○設立趣意書
○準備会メンバー(五十音順) 石井彰、石丸次郎、今西憲之、西谷文和、湯浅誠

そして、二〇一三年一月、ラジオ番組「ラジオフォーラム」がスタートした。

私は、月一回のパーソナリティーを引き受けた(二〇一三年は運営委員も引き受けた)。約二年間の中で、私自身が留意してきたのは、多様な視点の提供と、女性ゲストの出演だった。

私には、さまざまな社会活動を通じて、幸いにしてNPOなどの分野に比較的人脈がある。それらの多くは、現時点では人々の注目を広く集めているわけではないが、現代の社会の問題のありかを示してくれていることが少なくない。私自身もそうした気持ちで活動してきた。それらを取り上げることで、リスナーの方たちに「へー、こんなこともあるんだ」と思ってもらいたかった。

また、パーソナリティーは当初全員男性だったため、女性ゲスト出演を意識した。この状態は、喜ばしいことに、女性パーソナリティーの加入で現在改善されつつある。

ラジオのパーソナリティーという役を引き受けて、それまでゲスト出演していただけでは気づかなかったことも、多く学んだ。

印象に残っているのは、ラジオ番組制作を長く手がけてきたディレクターの方から、「リスナー一人ひとりに語りかけるように話す」よう教えられたこと。

一度に大勢に対して話すことに慣れている私は、つい「みなさん」といった言葉を使ってしまう。しかし、聴いている人は基本的に一人でラジオに耳を傾けている。メディアではあるが、テレビなどに比してラジオはずっとパーソナルなツールだという教えだった。

なお、印象には残っているが、できるようになったわけではない(苦笑)。

以上が、私の視点から見たラジオフォーラム前史だ(少し開始後の感慨も入ってしまったが)。私たちの番組が、「たね蒔きジャーナル」の後継たりえているかと言えば忸怩たる思いがあるが、市民の寄付で成り立つ特異なラジオ番組の生い立ちを綴ったものとして、記録しておければと思う。

最後に、前史を語る上では、存続活動の事務局を担った「すきすきたね蒔きの会」メンバーの功績が大きいことを付言しておきたい。バタバタな中での準備作業が、それでもできたのは、優秀なウェブ制作者がいたからだった。また、企業コンサルタントを手がけてきたメンバーは、完璧な会計報告を仕上げてくれた。そして、地道なチラシまきや寄付者の名簿整理などは、ひきこもりの当事者団体のメンバーや脱原発運動の参加者有志が担ってくれた。

いちいち名前を挙げることは控えるが、それらの「縁の下の力持ち」たちがいなければ、「たね蒔きジャーナル」の存続を求める活動がある程度の人たちの理解を得ることも、ひいては「ラジオフォーラム」という番組が生まれることもなかった。そのことは、最後に強調しておきたい。

当時の大阪・南森町の事務所や、その向かいにある喫茶店で、何度となく打ち合わせしたことを思い出しつつ、本稿を終える。

2 「たね蒔きジャーナル」から「ラジオフォーラム」へ

今西憲之

二〇一二年七月の暑い夏のことだった。私は、東日本大震災で事故を起こした福島第一原発関連の取材が終わり、レンタカーを東京に向けて、走らせていた。ちょうどパーキングエリアで休憩をとっていたときだった。

「知ってはりますか?」

久しぶりに聞く声、ジャーナリスト仲間の石丸次郎からだった。

MBS(毎日放送)ラジオの人気報道番組、「たね蒔きジャーナル」が秋の番組改編で、終了するのではないかという話だった。

「たね蒔きジャーナル」は、二〇〇九年一〇月にスタート。放送は夜九時から一〇時までの一時間番組。数少ないラジオの報道番組で知られ、「ニュースのタネを見逃しません」というキャッチフレーズで、反戦、人権、公害問題、ジャーナリズムなど、大きなメディアからは注目されにくい、タブー視されるようなネタをわかりやすく、深く掘り下げた放送で人気を集めていた。

とりわけ、東日本大震災、福島第一原発事故後、政府と東京電力の一方通行のような情報発信ばかりの中、京都大学原子炉実験所助教小出裕章氏と電話をつなぎ、原発の「真実」を報じ続けてきたことでも知られ、絶大なる支持を得ていた。

二〇一二年三月には、関西の優れた報道に与えられる「坂田記念ジャーナリズム賞」の特別賞に、ラジオ番組では初めて選ばれ受賞。番組聴取率も急上昇していた。

「ああ、やっぱりそうでっか」

私も、二週間ほど前に「ウワサ」として同様の話を聞いていた。それが現実となった瞬間だった。

「たね蒔きジャーナル」を終わらせてはいけない──多くのリスナー、支援者の声に押されて私や石丸、放送作家の石井彰、社会活動家の湯浅誠、ジャーナリストの西谷文和らで「すきすきたね蒔きの会」を結成。存続運動を展開し始めた。

しかし、MBS経営陣の意向はすでに固まっていた。番組改編後は「with…夜はラジオと決めてます」というタイトルのワイド番組がスタートする、「たね蒔きジャーナル」の看板アナ・水野晶子キャスターは毎週金曜日夜九時から「報道するラジオ」という一時間番組だけを担当する、九月一九日には記者発表されるという具体的な情報も入ってきた。

もう存続は絶望的だった。

九月二八日夜、MBS本社前には、「たね蒔きジャーナル」のたくさんのリスナー、支援者が姿を見せた。ラジオを持参して、みんなで最終回の放送を聞こうと、集まったのだ。和歌山、京都、大阪遠くは北海道や東京のリスナーもいた。

最終回のテーマは「大阪ジャーナリズム」。まさに、「たね蒔きジャーナル」が体現していたものだった。番組が終わると、水野アナウンサーと千葉猛アナウンサーが姿を見せた。リスナーから二人に花束が贈られる。みんな、目に涙を浮かべている。

「放送、番組は誰のためにあるのか、それを私は皆さんに教えてもらいました」

と声を詰まらせた水野アナウンサー。

そして、千葉アナウンサーは、

「番組を続けられずすいません」

と何度も繰り返して、頭を下げた。

この情景を目の当たりにして「なんで、こんなええ番組を潰してしまうのか」と、無念でならなかった。

「すきすきたね蒔きの会」に寄せられたカンパは、一〇〇〇万円を超えていた。番組が存続しないときには、返金を前提にして募ったカンパ。「返金作業だけでも、えらいことになる」と今後の事務作業を考えると、暗い気持ちになった。一方で、実務をはじめると「返金希望者が意外と少ない。「たね蒔きジャーナル」に代わる新しい番組を自分たちで制作してはどうなのか」という話も内輪で出ていた。

「この先、どないなるんかな」と複雑な思いだった。

正直、集まったカンパのうち、八割くらいは返金を求められると予想していた。だが、実際に寄せられた返金希望者は、金額にして一〇％ほどだった。

「これをもとに、我々の手でラジオ番組をつくりませんか」

と呼びかけたのが、石井だった。「すきすきたね蒔きの会」の中心メンバーで、ラジオの専門家は、放送作家の石井しかいない。

小出氏をのぞいた主要メンバーが居酒屋に集まった。石井が一枚のペーパーを配っていった。

〈番組打ち切り確定を受けて、存続活動は第一段階から第二段階へ〉

という言葉が記されている。

当初、存続がダメならカンパは返金、もしくはNPO団体などへ寄付しようと考えていた。だが、石井のペーパーには、複数の案が書かれていた。その冒頭にあったのが、

〈呼びかけ人や賛同者の有志で「たね蒔きジャーナルα」というたね蒔きの精神を継承する新番組を制作して放送〉

ラジオ番組は、放送局が制作して放送されるものだ。それを、寄せられたカンパをもとに、自分たちで制作して、MBSなどの放送局を通じてオンエアしてもらうというものだった。

確かにいいアイデアではある。しかし簡単に実現できるものなのか。

石井はさらに、たたき台となる企画案を用意していた。コンセプト、番組の制作、放送などラジオ

に欠かせない内容がしっかり網羅され、「さすが、ラジオの職人だ」と声がする。

そこからが、早かった。番組のタイトルは「ラジオフォーラム」と決定。一般社団法人「ラジオ・アクセス・フォーラム」を設立して、その企画と制作にあたる。運営委員には、石丸、石井、湯浅、西谷、私の五人が就任。それぞれが月一度のペースでパーソナリティーを務め、ゲストを招き、番組を制作してゆくことが決まった。そして、小出氏からも、毎週電話で出演してもらうことで快諾を得た。サポート役に大村一朗・鈴木祐太が加わってくれた。

運営委員はそれぞれが仕事を持っている。おまけに、石丸・西谷・私は大阪、石井・湯浅は東京が拠点。また、国内、海外と出張に出ていることも多い。集まり打合わせするだけでも大変だったが、合間をぬって、番組の企画、制作や放送の段取りをつめていった。

ラジオの専門家は先にも書いたように、たった一人、石井だけ。

「「たね蒔きジャーナル」の成功を見てもわかるが、今のラジオはワイドショーのような〝広く浅く〟ではなく、短時間でもいいから〝狭く深く〟が求められている。そして、「たね蒔きジャーナル」の精神を受け継ぐ」

そこに重きをおいて、番組の準備を開始。運営委員、スタッフ、「たね蒔きジャーナル」のリスナーの尽力で、少しずつ輪郭ができてゆく。そして、記念すべき第一回の放送が年明け、二〇一三年一月一二日、小出氏をゲストに招いて、「ラヂオきしわだ」のご協力で、収録が決まった。

当日、多くの方々が、大阪府岸和田市の「ラヂオきしわだ」までわざわざ駆け付けてくださった。

数か月ぶりに目にする顔がたくさんあった。「たね蒔きジャーナル」存続を願い集まった、「すきすきたね蒔きの会」を支援いただいた人たちだった。

「こんな多くの人たちに支えられ、こうして番組をはじめることができる」

そんな喜びと、託された寄付の重みで身が引き締まる。

小出氏と運営委員の石丸、西谷、私が出演した、記念すべき第一回放送。大きな反響を集めた。私のSNSには、パンクするのではと思うほどメッセージが届いた。

スポンサーに頼らず、CMもなく、自らの手で制作して、それをAMやコミュニティFMの放送局でオンエアしてもらう「ラジオフォーラム」の新しい挑戦。

このように、番組を制作して放送局に提供するというシステムは、他にない先駆的なものだけに、「ラジオフォーラム」の失敗は許されない「使命」でもある。

複数の放送局でオンエアされるということは、高いクオリティーが求められる。制作したはいいが、まったくオンエアされないという事態に陥りかねない。そうなると、「たね蒔きジャーナル」存続のために頂いた寄付が水の泡になってしまう。

ますます責任重大だ。

これまで、ラジオ番組にゲスト出演したことは数知れない。だが、パーソナリティーとして自らが番組を仕切って進めるとなると、勝手が違う。正直、ゲストで出演するときは、「たね蒔きジャーナル」なら水野アナウンサーなど、有能なパーソナリティーに仕切りを任せて、勝手なことばかり話をしてきた。

第一回で、私にパーソナリティーがまわってきた。ゲストの人選をいろいろ考えた。注目される橋下徹大阪市長が提唱する、大阪都構想など地方自治に明るい、吉富有治氏に来てもらうことにした。彼は、同じジャーナリスト仲間で、二〇年近い付き合いがある。親しい人の方が、いらぬ気も使わず、スムーズにしゃべれるのではないかと思ったからだ。

「ラジオフォーラム」は、基本は、ディレクターが台本を作成することになっている。だが私も物を書く商売を長くしているので、あえて自分で台本を書くことにした。大阪収録分のディレクター、大谷知史が時間配分などを決めてくれて、なんとか格好がついた。

「とにかく、台本を声に出して、三回、五回と読んでください」

と大谷から「特訓」命令が下る。

実際に声に出して読んでいくと、ぎこちないところや、説明が足りないところなど、不備がいくつも浮かぶ。台本のていをなしていないことがよくわかる。

読んでは直しを繰り返す。これまで、好き放題、ラジオ番組でしゃべってきたが、パーソナリティーがどれだけ大変だったのか、身をもって感じる。

問題は台本だけではない。「ラジオフォーラム」は録音だ。予算との関係で、スタジオをあまり長時間、借りることができない。長く収録すると編集作業の負担も増すので、収録時間に少しプラスする程度の長さで、トークを展開しなければならない。

また、スタジオにはさまざまな機器があり、その操作も必要だ。つい、しゃべりに熱中したり、時間を気にすると、機器の操作を忘れてしまう。またジャーナリストという仕事柄もあってか、私は非常に早口。おまけに、大阪弁を直すことはできない。普段通りしゃべっていると、

「何を言っているのかわからない」

とクレームがつきそうだ。

「もっと、簡単にしゃべれると思ったのに」

そんな思いが頭をよぎる。

一月一五日午後二時から、収録がはじまった。吉富氏には「日本維新の会、国政進出の思惑」というテーマで語っていただくことにした。

スタジオに小室等氏のギターのイントロが流れてくる。第一声をどうしゃべるかいろいろ考えたが、

「まいど！　ジャーナリストの今西憲之です」

と日常しゃべっているフレーズで語り始めた。

だが、いろいろなことが気になる。早口になっていないか、台本を棒読みしていないか。自分ばかりがしゃべって、ゲストは退屈していないだろうか。ディレクターの指示、台本通りに進行しているだろうか。

「たね蒔きジャーナル」を継承すると言いながら、それに見合う放送ができているのか。おまけに、正月に前歯が折れて、仮の歯を入れた状態——。気になることばかり。

それでもなんとか、一時間ほどで収録を終えることができた。その後、ディレクターらと開いた反省会では、

「はじめてにしてはまずまず」

と大谷は言ってくれた。

だが、自己採点すれば、三〇点もあればいい方か。そして、一月二六日に番組がオンエアされることが決まった。私のＳＮＳなどには、

「ついにオンエア、楽しみ」

「絶対、聞きます」

など多くのメッセージが寄せられていた。

一月二六日午後五時、雑誌の締め切りで原稿を直す手をとめて、「ラジオフォーラム」をオンエアしてくれる、北海道札幌市のコミュニティＦＭ「三角山放送」のホームページにアクセス。自分の声が流れてきた。

「ああ、あかん、棒読みやがな」

思わず、手で顔を覆う。早口になることに気を取られるあまり、台本をただ、そのまま読んでいる。

「うーん、難しいな」

その後、オンエアの回数を重ねるにつれて、なんとか、しゃべれるようになってきた。一方で、「たね蒔きジャーナル」の精神を引き継ぐ番組と自負している。スムーズなトークにプラスして、番

組の内容をどれだけ充実できるかが、大切である。

まず、自分のパーソナリティーの担当の時、「誰をゲストに選ぶか」からはじまる。「ラジオフォーラム」は寄付で成り立っているから、高額な出演料を用意することはできない。どうしても、友人、知人など、自分の人脈に沿った人選となってしまう。そうなると、ゲストに偏りがでてしまう。「ラジオフォーラム」の番組冒頭でパーソナリティーが語りかける。

「小さな声に耳を傾け、やさしい光をともして闇を照らす」

これを実践するゲストでなければならない。また、他のパーソナリティーが招くゲストとの兼ね合い、バランスも考慮しなければならない。私は当初、大阪でゲストを招こうと思ったが、どうしても、大阪の担当、西谷、石丸と人選が重なってしまうところがある。そこで、出張する機会も多いので、東京で収録することにした。これによって、元アイドルの千葉麗子氏、女優の木内みどり氏など、ゲストの幅も大きく広がったように思う。

当初は台本も自分で書いていたが、よく知るゲストとなると、どうしてもその目線で話を聞いてしまいがちになる。また、毎回電話出演していただいている、小出氏への質問も、パターン化してしまう。そこで、台本もリスナー目線を大事にしようと、ディレクターに任せることにした。

また、「ラジオフォーラム」と志を同じくする他のメディアと、連携、コラボレーションできないかと探ってきた。その一つが「市民のためのネット放送局・デモクラTV」とのコラボレーション・イベントだ。

二〇一四年三月二二日、小出氏と私は「デモクラTV」の生放送「福島はどうなっているの」に生出演。そして、同年六月二〇日オンエアの「ラジオフォーラム」では、「デモクラTV」社長で元朝日新聞記者の山田厚史氏をゲストにお招きした。そのコラボレーションがきっかけで、木内みどり氏とのご縁もできたのである。

そうなれば、ゲストに負けないようにパーソナリティーとしては、より放送の充実を図らねばならないという使命感にかられる。

番組のオンエアの数日前から、声に出して台本を読み込む。ゲストとのトークをあれこれ想定して、展開を考える。台本にいろいろ書き込むと、真っ赤になってゆく。それを繰り返して、ようやく、なんとか放送できるレベルになってゆく。

雑誌やテレビ、ラジオの仕事を長くしているせいか、取材先、会見場、講演会、果ては一杯飲み屋でも「ラジオフォーラム、聞いてます」とお声掛けいただくことがある。SNSでも、激励のメッセージをたくさんいただく。

ある時、札幌に出張、地下鉄に乗ろうとすると、どこからか「今西さんや」と呼ぶ声が聞こえる。私がいた地下鉄のホームの反対側からだった。

「ラジオフォーラムの会員で寄付しましたよ、いい番組、応援してま……」

というところで、車両が入ってくる音に声がかき消されてしまった。

そんなところでも、ご支援をいただいていると思うと、感謝感激だった。

「たね蒔きジャーナル」存続が発端となり、その継承を目指した「ラジオフォーラム」。多くの方々から頂いたご寄付、ご支援、ご声援は、この上なく重い。なんとか、その期待にこたえるべく、今後も頑張りたい。

3

冬の時代にジャーナリズムの広場を

――「ラジオフォーラム」の実験とラジオの未来

石井 彰

二〇一二年七月末から、またたくまに広がった毎日放送ラジオ「たね蒔きジャーナル」の存続運動。それにもかかわらず、放送局側のかたくなとも言える対応により番組打ち切りが濃厚となった九月初旬、運動を担ってきた私たちは、この先どうすればいいのか、まったく五里霧中でした。

「放送局なんかあてにされないで、自分たちで番組を作って放送されたらいかがですか」

元朝日放送で優れたラジオドラマを演出した藤久ミネさん(放送評論家)からのアドバイスでした。

「新しい番組を作りましょう。僕らコミュニティFMで応援して放送しますから……」

こう言って励ましてくれたのは、阪神淡路大震災後に兵庫県神戸市長田区に創設されたコミュニティFM「FMわぃわぃ」の日比野純一さん。

この人たちの言葉と多くの人々の協力が、市民が参加して、レギュラーのラジオ番組を制作し、放送する「ラジオフォーラム」誕生へと、私たちの重いお尻を押してくれました。

「ラジオフォーラム」前夜

「たね蒔きジャーナル」の存続を目指して「市民がスポンサーになろう」とネット上で寄付を呼びかけると、予想を大きく超えて一〇〇〇万円余りのお金が集まりました。「市民に寄付を呼びかけよう」という社会活動家・湯浅誠からの提案に賛成はしてみたものの「はたしてどれだけのお金が集まるのか」、正直言うと私はかなり悲観的でした。それがわずか一か月余りの間に当時の「たね蒔きジャーナル」約半年から一年分のスポンサー料が集まります。このことは、いかに多くのリスナーが番組の存続を願っているのか、そして願うだけでなく、自ら身銭を切って関わろうとしていたかの証しでした。

ここに新しい社会運動・市民運動の可能性が生まれ、リスナーの減少と売り上げの低迷によって危機的状況にあるラジオの未来への、一つの提案にもなりました。

とはいえ、「集まったこのお金は「たね蒔きジャーナル」のスポンサーになろうという市民の意志の現れであり、もし番組が継続できなかった場合には、集まったお金は一人一人に返しましょう」という、小出裕章からの提案は、真っ当かつとても重たいものでした。一人一人に返金する作業は膨大な手間暇を伴うもので、振込手数料を誰が負担するのか、という切実な問題もありました。

ところが、この返金作業のさなかに「お金は返してくれなくてもいいので、皆さんの今後の活動に活かしてほしい」という、思いもかけない申し出が次々に寄せられます。その結果九〇〇万円余りのお金と、かけがえのない人々の志が、私たちに託されました。と同時に、このお金をどのように使うのかについて様々な提案が寄せられます。

「毎日放送ラジオの報道系の番組を買い取って、スポンサーになったらどうか」「東日本大震災で被災した各地に創設され経営に苦労している、臨時災害FMに均等に分割して寄付してほしい」「寄付金をいったん基金化して、「たね蒔きジャーナル」のような優れたラジオ報道番組を表彰する制度を作る」「私たちで「たね蒔きジャーナル」の精神を引き継ぐような番組を作り、その制作費や放送料に充当する」など。

存続運動を担ってきた石丸次郎、今西憲之、西谷文和、湯浅誠、小出裕章はゲストでラジオ出演した経験は豊富ですが、実際に番組を制作していたわけではありません。放送局ではない一介の市民である私たちが番組を作って放送する、しかもそれを続けていくことは、そんなに簡単なことではありませんでした。

番組を作るためのスタジオ、スタッフはもちろんのこと、そもそも放送してくれる放送局がはたして見つかるのか、難題は山積みでした。

そして二〇一二年九月一九日毎日放送から予定通り「たね蒔きジャーナル終了」が発表されます。

番組存続運動と市民スポンサーの歴史

ここで、日本の放送界における番組存続運動と、市民スポンサーの歴史をさかのぼって振り返っておきます。これまでにも放送局の都合や見えない圧力により、人気がありながら打ち切られた番組はいくつもあります。その時、視聴者から放送局に「番組をやめないでほしい」と異議申し立てが起きたことも少なくありません。

最近では二〇一四年九月に、ブロードキャスターのピーター・バラカンがパーソナリティーを務める、首都圏の外国語FM局インターFMの人気ワイド番組「バラカン・モーニング」(月曜〜木曜、午前七時〜一〇時)が九月末で終了することを、バラカン本人が番組で公表します。すると多くのリスナーから「番組継続」の声が沸き上がり、ツィッターやメールが放送局に多数寄せられ、ウェブ上では番組存続の署名活動が始まって、多くの署名が集まり話題となりました。残念ながらこうしたリスナーの声は放送局に届くことなく、番組は終了してしまいます。

以前にも、ピーター・バラカンが担当するテレビ番組「CBSドキュメント」の放送がTBSで二〇一〇年に終了したさい、視聴者による番組存続の署名活動が活発に行われたことがあります。

二〇一二年、朝日新聞子会社のCS放送局「朝日ニュースター」が経営難からテレビ朝日に事業譲渡されたさい、看板番組「愛川欽也のパック・イン・ジャーナル」が二時間の生放送から一時間の収録番組に変更されそうになりました。これに納得しなかった愛川欽也は自ら資金を出してインターネットで番組の放送を続けます。そして愛川が力尽きて番組が終了しそうになると熱心な視聴者の後押しもあり、今度は番組でコメンテーターを務めていたジャーナリストの山田厚史ら一五人が二〇万円ずつ出資してニュース解説テレビ局「デモクラTV」を創設、二〇一三年三月からインターネット放送を続けています。

そして二〇〇二年九月、テレビ朝日の報道番組「ザ・スクープ」の存続運動は大きな反響を呼び起こしました。鳥越俊太郎と長野智子がキャスターを務め、地道な調査・報道を進めた番組の終了には、ジャーナリストや弁護士らが「存続を求める会」を結成して署名活動やテレビ朝日への申し入れなどを行っています。こうした動きが後押しした面もあったのか、現在も年に数回「ザ・スクープ　スペシャル」として番組が形を変えて継続されています。

さらに歴史をたどると、メディア研究者の松田浩(元日本経済新聞編集委員)が取り上げている、一九六〇年代に人気のあったＮＥＴ(現テレビ朝日)の社会派ドラマ「判決」放送打ち切り事件があります。

「判決」は「一種の法廷ドラマ形式で貧困、差別、教育、福祉、空の安全性など社会が抱える切実なテーマを取り上げて、ドラマの形で視聴者に問題を投げかけていった。(中略)視聴率的にも二〇％を常時超える看板番組になり、四年間続いたのですが、政府・自民党からは反体制ドラマだということで目の仇にされた。その結果、上からの圧力で放送中止や台本の書き直しが相次ぎ、最後には放送打ち切りとなる」(松田浩「ラジオを市民の手に」ＫＢＳ滋賀リスナー会議発行のパンフレットより)。

打ち切りに対しては、視聴者から全国的に放送継続を望む運動が起き、南原繁、家永三郎、杉村春子、手塚治虫ら学者、文化人による「ドラマ「判決」の継続を望む会」が結成されました。そして「判決」視聴者の集いでは、次のような視聴者の意見が出されます。

「局に電話したら、毎週三〇〇万円ずつ持ってくれれば放送してやるといわれた。私たち仲間でお金を出し合ってスポンサーになる道はないでしょうか。毎週一〇〇円ずつ出し合う人たちを三万人集めればスポンサーになれるのではないか」(同前)

残念ながら、この提案は実現しませんでした。また「ザ・スクープ」の存続運動の過程でも市民スポンサーについての検討がなされましたが、これも実りませんでした。テレビのスポンサー料はあまりにも巨額のうえ、資金を継続的に集める労力も大変だからだと推測します。

その一方で、市民がスポンサーになって一〇分のコーナー番組を作り続けている放送局があります。KBS京都です。九一歳の医師がパーソナリティーを務める、ラジオの人気長寿番組「早川一光のばんざい!! 人間」(土曜午前六時一五分〜八時三〇分)の中の、「先生 聞いてえな!」では市民がスポンサーになり、企画も考えて放送しています。一九九八年から、毎年ワンクール(三か月間)の放送を一七年間にわたって続けています。

これらの歴史があったので、もしかすると「自分たちで番組を作って放送する」ことが、テレビに比べてスポンサー料も一桁安いラジオならばできるかもしれない、そう思い始めたのです。

放送の困難と思わぬ海外からの申し出

番組を作るにはまず企画です。当初は誰もが「たね蒔きジャーナル」の打ち切りを引きずっていたために「たね蒔き+(プラス)」というタイトルで番組の立案を始めます。「+」という言葉には、「たね蒔きジャーナル」の継続と、市民による放送への参加という二重の意味をこめました。

番組のパーソナリティーは、毎日放送への二回の番組継続申し入れに続けて参加した石丸次郎、今西憲之、西谷文和、湯浅誠と私の五人が週代わりで担い、小出裕章のレギュラーコーナーを作る構成を考えました。

この六人は、もし番組を作るとなればそれまでの行きがかり上、パーソナリティーやレギュラー出演を引き受けざるを得ませんでした。それがたまたま男性ばかりだったため、女性がいないことへの批判もありました。ただ二〇一四年六月から景山佳代子神戸女学院大学専任講師、同年八月から谷岡理香東海大学教授の二人が新たにパーソナリティーに加わってくれています。

毎週一時間(月に四〜五回)のレギュラー放送を、五人のパーソナリティーが交代で担当するという形は、(月〜金のワイド番組ならばよくあるスタイルですが)週一回放送の番組では異例の体制です。ラジオの場合、同じパーソナリティーの魅力と継続性が番組の「個性と売り」になるからです。またパーソナリティーたちの拠点である大阪と東京で、交互に番組を収録して放送することは異例中の異例です。今から考えれば関西と関東の幅広いゲストを呼びやすい、という利点もありました。そして番組の基本は「たね蒔きジャーナル」の精神を引き継ごうと、報道番組を目指しました。

北朝鮮やアジアを中心に取材を続けている石丸次郎、主に原発事故や事件関係の記事を『週刊朝日』などで執筆する今西憲之、イラクやアフガニスタンなどで戦地取材を続ける西谷文和という三人のジャーナリスト。貧困やホームレスを支援する運動を担う社会活動家の湯浅誠、そしてラジオ・テレビのドキュメンタリー番組を構成してきた私というメンバーは、幅広いテーマを取り扱う報道番組にとって多様性を確保するメリットがありました。そして番組の統一感、ラジオには欠かせない「おなじみ性」は、毎週レギュラーコーナーを持つ原子力の専門家、小出裕章が担ってくれました。

私たちにとって幸いだったのは、スタート資金が九〇〇万円余りもあったことです。もしこれがまったくのゼロから資金集めも同時にやりながらの番組準備であったならば、ハードルはさらに高くなったと思います。

急ごしらえの企画書を持ってラジオ局詣でが始まります。「たね蒔きジャーナル」が関西を中心に聴かれていた番組だったので(当時、全国どこでもインターネットで番組を聴くことができるｒａｄｉｋｏプレミアムはなかった)、まず関西での放送を目指しました。

東京支社レベルや、本社の営業・編成部長クラスの皆さんからは「なんとかウチで放送したい」という好意的な返事をいただきながら、役員会や最高幹部会議に諮られると「残念ながら放送できない」というお断りが、相次いで返ってきました。その理由として「毎日放送が打ち切った番組を放送することへのためらい、毎日放送への遠慮」「原子力発電所の危険性をはっきり指摘する小出裕章さんが毎週出演することへの危惧」などがありました。

ある放送局の幹部から「小出さんのコーナーを毎週ではなく、月一回にしてくれたなら放送できるかもしれない」と言われたこともあります。この提案の背後には電力会社への過剰ともいえる配慮が見え隠れしました。「それではこの番組を作る意味がない」と、即座に先方からの提案は断りました。

そもそも東京電力福島第一原発事故まで、多くの民間放送局では大株主や大口スポンサーでもある電力会社を気にして、原発の危険性をほとんど取り上げてきませんでした。その結果が現在の事態を引き起こしたのです。福島原発事故の経験から放送局は何も学ばずに、また同じことを繰り返すのかという憤りと「所詮民間放送は商売だけなのかな」という諦めすら感じることが、度々ありました。

関西での放送が難しいのであれば、どこの地域でもと交渉先を広げ、原発の多い地域や東京のＦＭ局などへも、細々とした「つて」を頼りに行脚を続けます。

「とても良い企画の番組だと思いますが、ウチの局では放送できません」「そもそも報道番組は音楽番組などとは違って、放送局自身が作るもので外部への制作委託はなじまない」など、様々な理由で断られ続けます。

ただ、各局との交渉の中でひとつ、気づかされたことがありました。多数の市民からの寄付という形では、放送局側も「スポンサーと認めてお金を受け取りにくい」という事情があることでした。たしかに組織も代表者も不明の人たちを、公共性のある放送のスポンサーとしては認めにくい面があるのでしょう。

そこで急遽、九〇〇〇万円余りの寄付金を基に、放送への市民参加を進める一般社団法人「ラジオ・アクセス・フォーラム」を設立し、定款を作り役員を決めて登記しました。慣れない定款作り、度重なる役所窓口との面倒な交渉を、事務局の大村一朗が粘り強く担ってくれました。

二〇一二年九月二八日の「たね蒔きジャーナル」の最終回放送に、毎日放送前にラジオを持って集まってくれた数百人のリスナーに向かって、なにひとつ確かな見通しを語ることができないまま「放送局は未定ですが、近いうちに私たちで番組を作って放送します」と、頼りない決意を述べることしかできませんでした。

そうこうしているうち、寄付を寄せてくれた人たちからは「早く放送を始めてほしい」という要望が、どんどん強くなってきました。

また全国のコミュニティFMからは、嬉しい番組放送の申し出が相次ぎます。

大阪府岸和田市のコミュニティFM「ラヂオきしわだ」は、スタッフがわざわざ小出研究室を訪ねて「毎日放送の番組打ち切りは残念です。そこでなんとか小出さんの番組を自分たちで作りたい」という申し出がありました。小出から「ラジオ放送に関しては「ラジオフォーラム」で準備を進めているので相談協力してほしい」ということで、私が「ラヂオきしわだ」に出向いて相談、お互いに協力をしていくことになりました。

小出の各地での講演会によって、「ラジオフォーラム」の放送準備開始を知った東日本大震災の被災地の局からも、放送の申し出がありました。またコミュニティFMとつきあいが深い防災・危機管理ジャーナリストの渡辺実さんらの尽力もあり、少しずつ放送を引き受けてくれるコミュニティFMが増えていきます。

そして私たちを驚かせる知らせが飛び込んできます。カナダのバンクーバーにある日本語ラジオ放送局「シーズーム ラジオニッポン」から、この番組を放送したいという申し出があったのです。海外で放送することなど夢にも思っていなかった私たちは、あらためてネット時代における情報伝播の広がりを知ることになります。

　こうして二〇一三年一月、各地のコミュニティＦＭとカナダの日本語ラジオ放送局の二二局を結んで、「ラジオフォーラム」の放送が始まります。記念すべき第一回の放送(二〇一三年一月一二日)は、二〇一三年一月七日、ゲストに小出裕章を迎えて「ラヂオきしわだ」のスタジオから、数十人のリスナーが見守る中で公開収録して、放送することができました。

集まるスタッフ、広がる放送局

　初めてラジオのパーソナリティーを担当する人たちばかりが出演する番組の制作は、さまざまな試行錯誤を重ねながら、ともかく始まりました。それはまるで、船を造りながら荒海を航海しようとする無謀なものでした。

　支えてくれたのは、まるであの梁山泊のように意気に感じて集まった、豊富な制作経験のある優れたスタッフたちです。東京のディレクターは山田睦美(元山梨放送)、大阪は大谷知史(元ＫｉｓｓＦＭ)、そして番組の編集は山本索(元ＫｉｓｓＦＭ)が担ってくれることになり、今も支え続けてくれています。また山田が二〇一三年産休に入った時には、山本がディレクターを代わって担い、現在は山田と山本が交互に東京収録分を担当しています。

　番組の趣旨説明やコーナー紹介など、通常のラジオ番組では毎回アシスタントが読む決まり文句は、あらかじめ録音しておきＣＤで出す方法を考えました。それは常時アシスタントを雇える金銭的な余裕がなかったことと同時に、男性パーソナリティーと女性アシスタントという、現在のラジオに数多く見られる性別による役割分担の固定化を好ましく思わなかったからです。ここでも経験豊富なフリーアナウンサーの広田綾子(元信越放送)、斉藤弘美(元FM東京)の二人が無償で、短時間でもリスナーの耳にくっきりとした言葉で残る、プロの仕事をしてくれました。

番組のテーマ音楽は数多くのテレビドラマや映画音楽を作曲している、フォークシンガーの小室等にオリジナルで作ってもらい、厚かましくも演奏までお願いしました。もちろんボランティアです。

ＡＭ放送やコミュニティＦＭでは、番組で音楽をかける場合に著作権料を年間包括契約方式で払っているため、そのつど著作権料は発生しません。「ラジオフォーラム」を放送だけでなくインターネット上でも流そうとする場合、ｒａｄｉｋｏや同プレミアム、コミュニティＦＭ各局が作る「サイマルラジオ」では、同じように著作権料を払っているため音楽部分をそのまま流すことができます。ところが私たち自身がホームページ上から番組を流そうとすると、この著作権料がひとつの障壁となります。現状ではユーチューブやポッドキャストで既製の音楽を流すことが出来ず、音楽部分だけをカットせざるを得ません。ですから番組のテーマ音楽はオリジナルである必要があったのです(著作権フリーの音楽では、番組に相応しい曲はなかなか見つからないのが現実です)。

そして番組冒頭などに流れる「ラジオフォーラム！」という番組のタイトルコールは、大阪と東京で開いた番組開始プレイベントに参加してくれた皆さんの声を使っています。スポンサーだけでなく、市民が番組を一緒に作る姿勢を少しでも示したかったからです。

またこれまでに多くの皆さんが、ボランティアで快く番組のゲストに来てくれました(現在は少額の交通費のみお支払いしている)。

「小出裕章ジャーナル」のテーマ決めや質問項目は、三原治、鈴木祐太が毎週担当しています。そして武蔵大学、大正大学、駒沢大学の学生有志がボランティアでアシスタントディレクター(収録中の写真撮影や電話つなぎ他)を担っています。彼らの感覚が、若い人たちにも聴かれる番組になっているかどうかの大事な物差しになっています。録音するスタジオの皆さんにも、番組の主旨を理解していただき、格安料金でスタジオの提供を続けてくれています。

こうした多くの人たちの協力がなければ、「ラジオフォーラム」はどんなに番組の主旨は立派でも、ラジオ番組としてのクオリティーを維持しながら、多くのリスナーに聴かれる放送をこれまで続けることはできなかったでしょう。

なぜラジオ地上波放送を目指すのか?

ともかく船出した「ラジフォーラム」は少しずつ反響がひろがり、放送してくれるコミュニティFMは放送開始後の二〇一三年三月までのわずか二か月で一四局(計二六局に)増えました。この背景には、コミュニティFMに番組を配信している衛星放送局ミュージックバードと、紺野望元同社役員からの大きな協力がありました。

市町村単位のコミュニティFM(出力二〇W)に加えて、なんとか県単位など広いエリアで聴くことができるAM局（出力五KW以上）でも放送したいと、あてのない放送局詣でを続けることになります。

ある日、思わぬところから朗報が飛び込んできます。村上雅通長崎県立大学教授から「いま学生たちが作っている番組を放送している長崎放送と、僕の古巣の熊本放送に、「ラジオフォーラム」の放送を働きかけたい」という電話があったのです。彼は、水俣病に関する優れたテレビドキュメンタリー番組を数多く制作してきた、元熊本放送ディレクターです。村上教授の実績と信頼による後押しもあり、四月から長崎県と熊本県での放送が決まりました。

吉報は続きます。東日本大震災の報道で信頼協力関係にあったラジオ沖縄制作部（現営業部）の真栄城正樹ディレクターから「ラジオ沖縄で「ラジオフォーラム」の放送をしたい」という申し出が来たのです。基地問題などを抱える沖縄での放送は、私たちにとってどうしても欠かせないものでした。

その一方、石川県、福井県など、原発に近い地域のコミュニティFMでは、わずか数か月で放送休止になるなど、放送における「原発タブー」の壁の厚さを、改めて実感させられることも起きます。

とはいえ二〇一三年四月からはAM三局、コミュニティFM四二局、海外一局の広いネットワークでの放送が可能になりました。

「ラジオフォーラム」を始めるにあたり、大変な労力（高音質）と資金（放送するための電波料など）を伴うAMラジオ（いわゆる地上波）での放送は考えずに、インターネットラジオだけで放送する方法もありました。ネット社会の普及と技術の進歩により、個人がラジオ番組を作って放送することが可能になり、世界中に個人放送局が無数に誕生しています。

ではなぜその方法を選ばなかったのか？

それは「未知のリスナーとの出会い」を幅広く求めようとしたからです。インターネットラジオの場合には、その番組をあらかじめ知らなければ（番組タイトル、放送曜日や時間など）、聴く機会はどうしても狭くなりがちです。

ところが地上波のラジオ番組は、新聞に番組表が掲載されていたり、各局で番組表を作成して配布するなど、多くの人に知らせようとしています。また地上波ラジオには既に固定ファンが多数ついていて、前の番組を聴いたついでに、「ラジオフォーラム」を聴く人も珍しくありません。

たとえていえば、インターネットラジオは住宅街にぽつんと一軒だけある専門店で、地上波ラジオはお客さんが行き交う商店街（最近はかなり寂れてきていますが）なのです。商店街に買い物に来たついでに、そこに軒を連ねている珍しいたたずまいの店「ラジオフォーラム」に立ち寄ってもらえる、そんな出会いを求めたと言えるでしょう。

そして二〇一四年一月、「ラジオフォーラム」を応援してくれる局内の人たちによる粘り強い働きかけによって、念願だった関西圏での放送がＫＢＳ京都で始まりました。同九月には、南海放送（愛媛県）から「ぜひうちの局でも放送したい内容の番組」という、嬉しいオファーをいただき放送が始まります。

コミュニティＦＭでも平塚市、相模原市、豊岡市、三木市、壱岐市、宝塚市と放送局が増え続け、二〇一四年末現在、ＡＭ五局、コミュニティＦＭ四六局、海外一局で「ラジオフォーラム」を聴くことができます。

これは広範な見えない電波によるネットワークであると同時に、「ラジオにジャーナリズムの広場を作ろう」という私たちの呼びかけに共鳴する、多くの人たちの「風のような志のネットワーク」なのかもしれません。

放送開始後の二年間で、八四三人の人たちから、三五六五万円余りの寄付が集まっています(二〇一四年末現在)。

ラジオの未来を創る「ラジオフォーラム」

市民と志のある放送局の皆さんの力でなんとか船出した「ラジオフォーラム」ですが、決して順風満帆ではありません。じつは漕ぎ出したラジオの海が荒れに荒れているからです。

まずラジオを聴く人が徐々に少なくなり、それにつれて民間放送を支えるCMの売り上げも大きく落ち込んでいます。首都圏ラジオ聴取率は、NHKと民放のAM、FMなどすべてのラジオ局を合わせても、史上最低の五・八%(二〇一四年一二月、ビデオリサーチ調査)にまで下がりました。民放を支える広告費も最盛期だった一九九一年の二四〇六億円から年々減り続けていて、二〇一三年には約半分の一二四三億円に落ち込んでいます(電通「二〇一三年日本の広告費」より)。

自宅や職場、車の中で生放送でラジオを聴くという生活スタイルが大きく崩れ始めています。その意味で、「ラジオフォーラム」が番組のホームページからユーチューブやポッドキャストで、地域も時間的な制約も越えて「いつでも、どこからでも聴くことができる」ようなシステムを作りあげ、毎週更新している番組ウェブチーム（大谷知史、松田明功、平田雄紀）の斬新な発想と作業は、ラジオ聴取のスタイルに新たな可能性を広げています。

さて広告費の落ち込みにつれ、ラジオ局では報道・制作の人員や制作費が大幅に減らされたことにより番組の質が低下し、さらにリスナーが減る、という悪循環が続いています。

こうした流れの中で、手間暇のかかる報道系番組がAMラジオから姿を消し始めています。以前はどこのラジオ局にも報道部があり報道専門の記者がいました。それが今、報道部のあるラジオ局は数える程しかありません。「たね蒔きジャーナル」打ち切りの要因の一つに、この報道部門からの暫時撤退（報道に関わる人員の削減）があったと、私は推測しています。

しかし、いまリスナーがラジオに求めているのは「複雑化する社会をわかりやすく解説して論評する」報道系の番組ではないでしょうか。事実「たね蒔きジャーナル」の聴取率は、ライバル局の倍近くありました。また、これまで音楽中心だったFM局でも報道系の番組が次々に始まり、それぞれ個性を発揮し始めています。

ラジオの広告費が減少し続けている背景には、スポンサーがラジオの媒体価値を見限り始めていることがあります。ラジオでコマーシャルを流せばすぐに商品が売れる、という構造が崩れてきたのです。

「テレビは即効薬、ラジオは漢方薬」とメディア特性の違いを指摘していたのは、自他共に「ラジオ界のドン」と呼ばれた故・上野修(元ニッポン放送)でした。じわじわと人々の心にしみてくるラジオの特徴を見事に言い表す名言でした。ラジオからのスポンサー離れは、何事にも即効性を求める時代の趨勢といえるでしょう。ではラジオが生き残るには、どうすればいいのでしょうか。

その試金石が市民スポンサーによる「ラジオフォーラム」の放送です。多くのリスナーが自らお金を払って番組を支える、この試みが日本社会に定着していけるか、ここにラジオの未来がかかっている、といっても過言ではありません。日本の放送は公共放送のNHKと民間放送の二元体制で続いてきました。そこにもうひとつ「ラジオフォーラム」のような「市民放送」が加わることで、より多様性のある放送が実現してほしいと願います。

多様性への挑戦として「ラジオフォーラム」で実現したことがいくつかあります。まず番組のゲストに、LGBT(性的少数者)、脱北者、福島からの自主避難者など社会で少数派の人に出演してもらったことがあげられます。

二〇一三年一〇月熊本放送だけで放送した「熊本発! ラジオフォーラム スペシャル」では、熊本在住のろう者の画家、乗富秀人さんをゲストに迎え、手話通訳者の協力を得て聴覚障がい者の厳しい現実が語られました。これまでも、多くの視覚障がい者がリスナーにいることから、視覚障がいをラジオで取り上げることは珍しくありませんでした。でも、ラジオを聴いていないと決めつけ、聴覚障がい者の抱える問題を取り上げたり、ゲスト出演することなどほとんどなかったのです。番組では、パーソナリティーの質問を手話で乗富さんに伝え、手話で返って来た答えを言語化して放送しましたが、手話通訳の間に生じるラジオには鬼門の無音状態も、それほど気になりませんでした。「乗車中に急に電車が止まると車内放送が聴こえず不安になる」などの事例が語られたことには大きな意味があったと感じます。

多様性とは、番組が「少数派の味方」になることなのです。

特定秘密保護法(実態は不特定秘密隠蔽法案)の制定や集団的自衛権の閣議決定による強行など、日本は自由に物が言えない社会になりつつあります。こうした言論の冬の時代に、自由な発言ができるジャーナリズムの広場＝冬の砦がどうしても必要なのです。

とはいえ、それぞれの現場を抱える忙しいパーソナリティーたちの情熱と、実務を担っているスタッフたちに甘えているだけでは、多くの人たちに聴いてもらえる番組を持続して発展させるのはとても困難です。新しいパーソナリティーの加入や、きちんと仕事としても成り立つ「市民放送」が継続発展できるように、本書を読まれたあなたの参加を心から願っています。

(文中一部敬称略)

4

人と社会をつなぐ

――「ラジオフォーラム」への期待

景山佳代子

「マスメディア・ジャーナリズム」から「オルターナティブ・ジャーナリズム」へ

二〇一四年六月一六日の第七五回放送から、「ラジオフォーラム」のパーソナリティーを担当することになった。回を重ね、この番組について知れば知るほど、リスナーの方々の思い、それゆえの番組での責任の重さを強く実感している。余談だが、この番組のパーソナリティーを始めてから、私は生まれて初めてじん麻疹を経験した。番組収録の前日、朝、目覚めると、体中に赤い発疹と強い痒みが出ていた。大学の帰りに皮膚科に行くと「ストレスによるじん麻疹」と診断された。てっきり寝具にダニがわいたのだと思っていたので、ストレスが原因と聞いて、内心ホッとしたが、意外にデリケートな自分に少し驚いた。

ただ二〇一三年二月二四日にYouTubeで公開された「たね蒔きJN終了の真相&今、福島第一原発はどうなっているのか?・」(http://www.youtube.com/watch?v=7X-BjIUx8mw)で、「先輩」パーソナリティーの石井彰が、「誰が聞いてくれているのだろうか」と、不安に思いながらマイクに向かって話している、と発言しているのを聞いて、少し安心した。話し言葉と書き言葉の違いでの戸惑い、秒単位での時間を測りながらの会話。どうやら、この番組のパーソナリティーを務めることの緊張感は、私だけのものでなかったようだ。と同時に、番組開始時からパーソナリティーを務めているメンバーたちが、この番組にかける思い、使命感といったものを、改めて考えさせられることにもなった。

「ラジオフォーラム」の前身といえる、「たね蒔きジャーナル」と、その番組で小出裕章氏が三・一一の福島第一原発事故後から果たしていた役割は、現代のジャーナリズムの意味を考えるうえでも決して無視できないものである。林香里は、長谷川如是閑の議論をひいて、ジャーナリズムの役割とは「近代市民社会で対立した見解を表出する手段であると同時に、対立するさまざまな利害関係を表明しながら、市民社会を形成していく原動力」(文献1、二二頁、以下章末文献参照)だと説明している。放送打ち切りとなった「たね蒔きジャーナル」は、まさに三・一一での原発事故で噴出した、日本国家の政策と、この国に生きる市民の意見との対立をはっきりと表出する手段となっていた。そして、この番組は、(多少の反感や不満を抱きながらも)大筋において国策に消極的な同意を示し続けてきた私たちが、その根幹にあった原発政策に積極的な反対の声を挙げ、「市民社会」を形成していく、大きな原動力となる可能性を孕んでいた。が、それは叶わなかった。

雑誌『創』二〇一二年一一月号に掲載された今西憲之の「たね蒔きジャーナル打ち切りの内情」というレポートからは、番組存続のためにリスナーから一〇〇〇万円近くもの寄付金が集まったこと、それにも関わらず、ＭＢＳ（毎日放送）上層部の判断により、番組が打ち切りになった経緯が詳細に伺える。それは林の次の指摘をそのまま裏付けるものになっている。

マスメディアは決して透明な媒体として機能しない。つまり、マスメディアは近代の資本制のなかで発展してきた「商品」であり、その空間には、オルターナティブなもの、不均質なもの、あるいは商品価値のないものなどを排除し抑圧する底知れない圧力が働いているのである。（文献1、一四七頁）

私たちは、マスメディア＝ジャーナリズムだと当たり前のように認識し、マスメディアに対して、「市民社会を形成していく原動力」となる役割を期待してしまう。三・一一のときに噴出したマスメディア批判は、まさにこうした私たちのマスメディア＝ジャーナリズムへの期待と、それに対する失望感の大きさを物語ってもいる。しかし、マスメディアとジャーナリズムとは必ずしもイコールで結ばれるものではない。林が言うように、マスメディアは「商品」であって、どのような見解や利害関係が表出・表明されていくかは――どこまで自覚的／無自覚的かはともかく――、経済の論理を無視して決定されることはない。そこにマスメディア＝ジャーナリズムの一つの限界がある。

もちろん、マスメディアという制度のなかで、これまでも数多くの優れたジャーナリズム活動が行われてきたのも事実である。ＭＢＳの「たね蒔きジャーナル」もその一つだったろう。さきに紹介した今西のレポートにも、「たね蒔きジャーナル」の存続を願い、ジャーナリズムの役割を果たそうとするＭＢＳ社員の声があった。しかし、放送局や新聞社といったマスメディア「企業」に所属し、ジャーナリズム活動を行っている「ジャーナリスト」は同時に、その企業の「従業員」でもある。ジャーナリストとしての倫理、使命を遂行するために、会社の経営判断に、どこまで抵抗し、どこで妥協するのか。マスメディア企業の規模が大きくなればなるほど、利害関係者（企業）の数は増え、そのような企業内で、真摯にジャーナリズム活動に従事しようとする「従業員」ほど、「報道の倫理」とメディア企業の「経営の論理」とのあいだで強く引き裂かれることになる。こうしたマスメディア＝ジャーナリズムの限界を超える一つの試みとして、「ラジオフォーラム」は捉えられる。

番組中、私たちパーソナリティーは、次のような理念を伝えている。「「ラジオフォーラム」は、皆さんからのご支援に支えられている番組」「報道は権力や資本の力に左右されてはいけない」。これは、「ラジオフォーラム」が「たね蒔きジャーナル」の継続運動を出発点とすることから偶然生まれた理念などではない。ジャーナリズムという活動から資本の論理を極力排し、自由な言論表現、その公共性を担保するために選択される必然的な帰結であろう。「ラジオフォーラム」にみるこのようなジャーナリズムのあり方は、市民ジャーナリズムや、オルターナティブ（代替）・ジャーナリズムなどと呼ばれる。ここでは、「ラジオフォーラム」をはじめとする、オルターナティブ・ジャーナリズムを取り上げ、「マスメディアの周縁」にあるからこそみえてくるジャーナリズムの可能性を提示したい。

「中央＝全国／地方＝周縁」というニュース価値の転換

自分の中でずっと沈殿し続ける言葉。役に立つとか、いま流行りだとか、そんな理由とは関係なく、気づけば心がそこに向かう。そういう言葉に出会えることが、研究をするときの大きな喜びとなる。私がまだ大学院生だった頃に偶然読んだ、奥田道大の「マス・メディアにおける地域社会の発見」（一九六七）という論文も、その一つだ。「沼津・三島地区石油コンビナート反対運動の事例分析」というサブタイトルのついたこの論文は、石油コンビナートの建設計画を白紙にした住民運動の経緯と、その運動で果たした／果たさなかった、新聞（マス）メディアの役割について分析している。「ラジオフォーラム」で「伝える」側に立つようになって、再びこの論文が、記憶の底から浮かび上がり、私のなかの「なにか」をざわざわと刺激し始めた。十数年ぶりに読み直した論文には、石油コンビナート建設の白紙撤回という「成果」の背景に、住民たちの地道な勉強会、すでにコンビナートが建設されていた四日市や千葉への視察と、地元に戻ってからのフィードバック、コミュニティ・ペーパーでの情報発信があったことが指摘されていた。くわえて奥田は、地元ローカル紙がこの住民運動を取り上げていたのに対し、全国紙はそれを報道することがなかった点を問題にしていた。

マス・メディアが同事例を取材の対象にしなかったのは、〝石油コンビナート闘争〟、〝公害戦争〟自体のもつ社会的意義、影響力の重さを評価しえなかった、あるいは評価の見とおしに欠けていたと同時に、注目されるのは同事例が中央と対比される地方でのできごとという認識である。地

> 方、地域社会レベルでのできごとが、マス・メディアにのらず、そのままローカル・メディアの取材対象となるとの道筋は、理解しにくい。中央という場、地方という場がそのままニュース・ヴァリューの軽重にもつながっているが、本来は地域住民の生活基盤であり社会生活の結節点である地域社会(コミュニティ)が主軸にすえられ、取材対象が中央的(全国的、ときに国際的)ひろがりをもつか否かの認識が、だいいちに問われねばならない。〔傍点は筆者〕(文献2、六六頁)

「ラジオフォーラム」第八八回放送では、福島原発事故のため、郡山、水戸から大阪へ自主避難している二人の母親、森松明希子氏と太田歩美氏をゲストに迎えた。国は、原発事故による避難指示区域について、放射線量年間二〇ミリシーベルトという基準を採用し、これを下回る区域については、避難指定を解除し、帰還を促している。しかし、放射線防護に関する日本の法令では、原発事故前から被曝限度は、年間一ミリシーベルト以下と定められており、現在の避難指示区域の基準と明らかに矛盾する。また避難指示区域は、福島県内に限られているが、実際には、放射能汚染は、福島県外にも大きく広がっている。「中央/政府」の一方的な線引きが、長年培われてきた近隣住民のつながりを分断し、原発事故以前になかった不和や差別、不信の念を、地域社会に引き起こした。また、森松氏、太田氏たちのような「自主避難者」は、そうした境界線によって取りこぼされ、「被曝を避ける権利」「避難する権利」を踏みにじられ、様々な軋轢のなかでの生活を強いられている。

しかし、そんな彼女たちの「日常」は、マスメディアには、なかなか登場しない。「事故そのものは収束に至った」という野田前首相による収束宣言。国際オリンピック委員会で、東京五輪招致のために行った安倍首相の「状況はコントロールされている」というプレゼンテーション。そして、そんな「中央」の声に後押しされるように、二〇一四年一一月七日、鹿児島県の伊藤祐一郎知事は、川内原発の再稼働に同意した。福島は福島、川内は川内と言わんばかりである。そこでは、福島およびその周辺の人たちの声は、一部の人の「ローカル」な問題として切り捨てられているとしか思えない。

だが、福島およびその周辺の「ローカル」な場所からの訴えに、全国的・国際的なニュース価値(重み)があることは間違いない。なぜなら、原発列島といわれる日本に住んでいる限り、誰もが、福島で起きたのと同様の出来ごとの、「当事者」となる可能性を否定できないのだから。福島での出来ごとは、次のような「事実」を私たちに告げている。原発事故はその被害が甚大であるにもかかわらず、確実な解決方法などなにもないこと。政府も電力会社も決して責任を取ろうとはせず、なにより事故で喪われたものを取り戻すことはできないということ。福島での出来ごとは、川内、大飯、伊方など全国各地の原発立地地域で起こりうる、問題の「普遍性」を教えてくれている。

そして、「地域住民の生活基盤であり社会生活の結節点である地域社会」を出発点とする、多くのオルターナティブ・ジャーナリズムが、ローカルな声の全国的あるいはグローバルな広がりを記録し、問題として可視化させる役割を果たしている。ここでは、その一例として、『はんげんぱつ新聞』を紹介しよう。同紙は、原発推進の主体が電力会社から国へと移行した際に、「「国が相手ではどのみち勝てない」とあきらめを誘う流れがつくられようとするのに抗して」一九七八年五月に創刊された

このとき〔七五年八月の第一回反原発全国集会のとき〕、各地の地元紙の記事を集め、お互いに別の地域の情報を知り合えるようにする通信がつくれないだろうか、との話が持ち上がったそうだ。(中略)それぞれの地元では大きく報道される動きでも、別の地域ではベタ記事にすらならない、という報道の現実があったからである。(文献3、一八五頁)

(文献3、一八四頁)。

一九七〇年代、反原発の住民運動は全国各地で行われていたが、一定の成果をあげた地域であっても、いつまたそれが切り崩されるか分からない状況にあった。原発立地の候補地は、過疎化・高齢化し、財政不安を抱えた地域ばかりで、電力会社と国は「金」をばらまき、地域社会に不和と分裂をもたらしていた。『はんげんぱつ新聞』は、各地の運動の成果や、原発に関する情報を共有し、運動に取り組む住民たちが、「点から面」へと連帯を広げる役割を果たそうとしていた。そして、いま同紙の記録してきた戦いをみるとき、私たちは、過去と現在とをつなぐ歴史をそこに読み取ることになる。

マスメディアを通じて、私たちが日々知らされるのは「中央」の勝利宣言、原発が多数立地し、「どのみち勝てなかった」反原発運動の残骸ばかりだ(文献4、四〇頁)。それは、「国が相手ではどのみち勝てない」という住民意識の醸成に寄与しているだろう。しかし、『はんげんぱつ新聞』にみる過去の住民運動の記録は、現在《いま》に生きる私たちと国との関係についての「思い込み」を解除する。そこに書かれた少なくない「勝利」の記録は、私たち市民が決して国家の前で無力な存在ではないことの歴史的証拠でもある。こうして記録された記憶が、私たちの歴史をつくり、歴史を通じて私たちは自分が何者であるかという物語を紡いでいく。ここにオルターナティブ・ジャーナリズムのもう一つの可能性がある。それが「わたくしの記録」である。

私たちの日々の記録から出発するジャーナリズム活動

英語のジャーナリズム(journalism)の「ジャーナル(journal)」は、「一日の」という意味のラテン語「diurnus(ディウルヌス)」を語源とする。英語では、日々つけられる記録はすべて「ジャーナル」と呼ばれ、「新聞・雑誌」よりも先に、「日記・記録」という意味で使われていた(文献5、七頁)。ところが、明治時代にこの言葉が日本に輸入されると、「市民が毎日つけることのできる日記との連想を断ち切られて、新聞社あるいは雑誌社などの特別の職場におかれた者の職業的活動としてだけとらえられるようになった」(文献5、八頁)。鶴見俊輔は、日本における「ジャーナル」という語の、このような変転を捉えて、次のように述べている。

> おおやけのものだけでなく、わたくしの記録もまた重んじられてきたことの中に、日本のジャーナリズムの根があるだろうし、今後も新聞・雑誌などの職場をすでに与えられた者の活動を越えて、市民のなしうる記録活動全体の中にジャーナリズムの根を新しく見出すことに日本のジャー

ナリズムの復活の希望があると思う。〔傍点・強調は筆者〕(文献5、八頁)

鶴見が、なぜ「わたくしの記録」を重んじることに、「ジャーナリズムの根」をみたのか。「市民のなしうる記録活動全体の中」に、ジャーナリズムの「復活の希望」があるというのか。「ラジオフォーラム」という番組を通じて出会う、たくさんの「わたくし」の声を聴くことで、鶴見のこの言葉が、私の中で実感をともなったものへと変わっていった。

第九四回放送ゲストの福山琢磨氏は、『孫たちへの証言』という証言集の出版によって、戦争を体験した無数の「わたくし」の声を記録し、その記憶を歴史にする活動を続けている。「わたくし」の声には、痛みがある。大切な日常を、かけがえのない人々を無残に奪われた、不条理への怒りがある。「おおやけ」の声に溢れる、政治的駆け引きも、大義や体面、勝敗への執着も、「わたくし」の記録からみれば、ただの破壊と抑圧の歴史にすぎないことが浮き彫りにされる。

「市民のなしうる記録活動」は、国策や国益といった「おおやけ」の言葉で語られるものが、「わたくし」の生活にどんな影響をもたらし、私たちが暮らす地域社会にどんな問題を生じさせているかを明らかにする。そしてこのようなジャーナリズムが展開するとき、政治は遠い世界の出来事ではなく、私たち一人ひとりの日常に直結し、私たち自身が主たる行為者《アクター》となるべきものだと実感できるのではないだろうか。

言論を守り、育てる空間としての「ラジオフォーラム」

さて、このような「わたくし」から出発する記録は、ジャーナリズムに求められる「公平中立」な記録とは異なるだろう。しかし、そもそも「公平中立」な記録など可能なのだろうか。公害や原発、基地といった政治的課題はすべて、「わたくし」の生活のなかで、具体的な問題として経験される。それについて語る「わたくし」一人ひとりの意見は、公平中立なものなどではありえない。年齢や性別、国籍や職業、家族構成や地域との関係性など、個々人の置かれた環境や立場によって、問題のあり方も求められる解決策も変わってくる。「わたくしの記録」に根ざしたジャーナリズムは、この社会に生きる私たちの「違い」を違いとして記述することから始まる。それは意見を単一化させる「おおやけ」の記録とは異なっている。「わたくし」の声を拾うオルターナティブ・ジャーナリズム、そして「ラジオフォーラム」という番組の意義と可能性は、この社会に多様な意見、選択肢があることを私たちに知らせることにあるのではないだろうか。

> 意見とは、「私にはこう見える《ドケイ・モイ》」という世界へのパースペクティヴを他者に向かって語ることである。世界は、私たち一人一人にとってそれぞれ違った仕方で開かれている。公共的空間における私たちの言説の意味は、その違いを互いに明らかにすることにあり、その違いを一つの合意に向けて収斂することにはない。むしろ、この空間においてはある一個のパースペクティヴが失われていくことの方が問題なのである。〔傍点は筆者〕（文献6、四九～五〇頁）

二〇一二年一二月に誕生した安倍政権は、「戦後レジームからの脱却」というフレーズの下、戦前回帰を強めていった。教育の国家統制を強化し、教員の管理強化をすすめる教育「改革」は、学校をまるで株式会社のような組織へと改造しようとしている。教育現場で子どもたちに接している教員の裁量は大幅に制限され、国家にとって都合のよい「人材」育成が企図される。また、わずか六七時間の拙速審議で可決された特定秘密保護法は、地方議会や国民からの強い反対も無視し、衆院解散選挙のどさくさに紛れる形で、二〇一四年一二月一〇日に施行された。安倍政権ががむしゃらに推し進める「改革」は、おしなべて、国民の言論、表現の自由を制限し、世界をみるためのパースペクティブを失わせていくものにほかならない。残念ながら、テレビ局はもちろん、大手新聞、雑誌メディアにおいても、こうした言論封殺の暴挙に対して、強い抵抗をみることはできなかった。いや、それどころか『読売新聞』『産経新聞』、『週刊文春』『週刊新潮』といったメディアは、「国益」「国賊」「売国奴」といった、まさに戦前回帰のフレーズを「商売」道具にして、こうした言論封殺の流れを加速し、ジャーナリズムを自滅させているともいえる。

「ラジオフォーラム」のようなオルターナティブ・ジャーナリズムは、資本の論理に左右されず、社会に埋もれた「わたくし」の声が集う空間を用意することを目指している。しかし、同時に、大多数の人が日常的に接しているのは、マスメディアからの情報であり、オルターナティブ・ジャーナリズムの影響は、圧倒的に小さい。そうした限界も踏まえたうえで、既存のメディアには伝えられないこと、そしてマスメディア企業ジャーナリズムの暴走を、その重要な受け手でもある市民とともに監視し、牽制していくこと。「ラジオフォーラム」独自の可能性と役割が、ここにあるのではないだろうか。

引用文献一覧

1 林香里『マスメディアの周縁、ジャーナリズムの核心』新曜社、二〇〇二
2 奥田道大「マス・メディアにおける地域社会の発見――沼津・三島地区石油コンビナート反対運動の事例分析――」『新聞学評論』一六巻、一九六七年三月号
3 西尾漠「『はんげんぱつ新聞』の歩みから――日本の反原発運動を振り返る」『現代思想　特集反原発の思想』二〇一一年一〇月号
4 鎌田慧「拒絶から連帯へ――荒野に立って」『現代思想　特集反原発の思想』二〇一一年一〇月号
5 鶴見俊輔「解説　ジャーナリズムの思想」鶴見俊輔編集・解説『現代日本思想体系12　ジャーナリズムの思想』筑摩書房、一九六五
6 斎藤純一『公共性』岩波書店、二〇〇〇

5

市民メディア「ラジオフォーラム」の使命

谷岡理香

報道の多様性〜マスメディアの限界とオルターナティブ・メディアの可能性

多様な意見を持つ市民が公共の電波にアクセスする権利、自分たちの考えを述べる権利は多くの国で保障されています。日本でも、公共放送であるＮＨＫに対して、一定の電波を開放し市民が制作した番組を放送するよう求める動きがフリー・ジャーナリストや市民グループから起こっているものの実現はしていません。一方で、地域のケーブルテレビやコミュニティＦＭなどでは、市民による番組制作や市民パーソナリティーの活動が増えています(私が勤務する東海大学でも、地元神奈川県平塚市のコミュニティＦＭ「ＦＭ湘南ナパサ」から、学生たちによる意見発表の場として、毎週火曜日の夜三〇分の時間枠を開放してもらっています)。

一九九五年の阪神淡路大震災、二〇一一年の東日本大震災という大きな災害を体験して、地域と生活に密着した情報の重要性が改めて確認されています。また、大変残念なことですが、福島第一原発の爆発事故後、政府の情報統制を目のあたりにしました。代表的な事例は、文部科学省のSPEEDI（緊急時迅速放射能影響予測システム）のデータが被災地の住民に知らされなかったことです。結果的に、浴びなくても済んだはずの放射性物質を多くの人々が浴びてしまいました。マスメディアは、こうした政府の姿勢を批判すべきにもかかわらず、特にテレビ報道では腰が引けた表現が目立ちました。それが大スポンサーである電力会社に対する「忖度」でもあることを、私たちは知ることになります（もちろん、そうした状況下でも、良心的な一部の放送人による果敢な取材活動が続いていたことも事実です）。マスメディアでは伝えられないこと、あるいは伝えきれないことがあります。マスメディアを補完する、あるいは互いに補完しあえるような情報源が必要です。

市民メディアという考え方～人口四〇〇〇人の村での体験

二〇〇四年、私は熊本県山江村という人口四〇〇〇人ほどの村で行われる「インターネットライブ」を見学に行きました。当時、インターネットで新たな町づくりを模索している山江村はメディア研究者たちの間でちょっとした有名な村になっていました。

ライブ当日は村役場の前に、運動会のようにテントを張って、そこで住民の皆さんが時間の制約のないインターネット中継で村の紹介を行うというものです。人口四〇〇〇人といっても、村の住人の皆さん全員が顔見知りというわけではありません。そこで、保育園児から小・中学生や、村議会議員まで様々な住民が登場してビデオカメラの前で自己紹介をするのです。その様子を、招かれたお年寄りたちがテントの中の大きなテレビ画面の前で楽しそうに眺めています。お昼になれば、村で採れた野菜を使ったお弁当が紹介され、来場者たちが美味しそうにほおばっています。リハーサルはありません。そのままをインターネット上の「放送」にのせていきます。ありのままですから「失敗」も「放送事故」もありません。コミュニティに必要な情報と住民同士のつながりを深めるためにインターネットという新しいメディアが活用されていました。ビデオカメラを使って映像を記録している住人は、住民ディレクターという名前で呼ばれていました。

山江村では複数の女性住民ディレクターに会いました。日常生活の中で親を介護する様子を記録している人、近郊に残るそうめん職人の仕事の全工程を撮影している女性もいました。彼女は、普段テレビで見ていると、そうめん作りは風物詩的に放送されることはあっても、作り方の全てを見たことはなかった。最初から最後まで全部知りたいと思っていたという趣旨の話をしてくれました。確かに放送時間が限られたテレビでは、一分どころか一秒が大事な時間です。このため、撮影した映像を放送局の判断で編集して視聴者に届けます。私自身、それは「当たり前」のことだと思っていましたので、彼女の発言に、はっとするところがありました。時間の制約がない、リハーサルも編集もしない山江村の人々のメディア活動に、日常を記録するというジャーナリズム活動の原点にも触れた思いでした。

このような新しいメディアを活用した取り組みは市民メディアと呼ばれています。その中心にいるのは、マスメディアで働いていた人たちです。彼らはマスメディアの役割の重要性を認めると同時に、市民・住民自らが発信する当事者性と多様性の重要性を提案していました。当時、立命館大学教授で、元ＮＨＫディレクターの津田正夫さんが、市民メディアの研究及び実践の中心となっていました。山江村の中心にいたのは、元熊本県民テレビのディレクターの岸本晃さんで、住民ディレクターという名の当事者発信をキーワードにしていました。

二〇〇四年一月、第一回の市民メディア全国交流集会が名古屋で開かれ、翌二〇〇五年には山江村で開催されました。この市民メディア全国交流集会は、その後市民メディフェスと名前を変えて、横浜や京都、札幌、東京、新潟、愛知等で開かれています。参加者は、市民メディフェスを草の根ジャーナリズムを議論する場にしたいと主張する人々もいれば、町づくり、人づくりのためのネットワークを広げる場と捉えているグループもあります。多様な価値観と発信が共に存在することに意味がある場とも言えるでしょう。

災害・防災の視点から

大きな災害が起こった場合、その全体図を知るためには、人的資源も資本も豊富なマスメディアの役割は大きいものがあります。その一方で一九九五年の阪神淡路大震災を機に、地域で必要とされる具体的な情報——例えば、水・食料の配給場所、営業している商店名、ガソリンスタンドの状況等——を細やかに伝えられるコミュニティＦＭの役割が注目されました。二〇一五年一月時点でコミュニティ放送局の数は全国二八六局にまで増えています。ラジオから聞こえるパーソナリティーの声に心が和んだり、音楽が束の間の癒しとなったり、励みになったという声はよく聞かれます。命をつなぐための食料や物資、情報が必要不可欠であるのはもちろんのことですが、人の声の温もりもまた、私たちにとってかけがえのないつながりを感じさせるものと言えるでしょう。

ところで、あまり広く報道されていませんが、阪神淡路大震災での死者の数は、女性のほうが男性より多かったのです。男性二七一三人、女性三六八〇人で、一〇代から八〇代までのすべての世代において女性の死者数が半数を超えています(『平成二三年版防災白書』より)。東日本大震災でも同様に、男性の死者数五九七一人に対して女性が七〇三六人と、女性の犠牲者が多いことが確認されました(『平成二三年版防災白書』より。二〇一一年四月一一日現在で検死を終えた男女別の死者数)。自然災害による死者数が男性より女性のほうが多いことは、世界的な傾向であることが、近年の研究によって明らかになってきました。ひとりでは逃げにくい高齢者や子どもと一緒にいるケースが女性に多いことや、日頃から自分自身で何かを決定する習慣が少ないことも要因の一つと考えられています。このため、日常生活の場で女性自らが声を上げやすい仕組みを作ること、地域の女性リーダーを育てることが重要であると各方面から指摘されています。

特に東北地方は、男性は外、女性は家庭という性別役割意識が強いといわれる地域です。大震災後の体育館の避難所生活の中で、掃除や大人数の一日三回の食事作りが女性のみに割り当てられ、体調を崩してしまった女性たちがいましたが、男性リーダーに対して「辛い」と言う勇気がなかったそうです。それだけではなく、自分たちの要望も言えなかったそうです。女性たちの要望とは、下着を干す別の場所が欲しい、他人の目を気にしなくてすむように着替える場所が欲しい、男性のいない場所で授乳したい、日焼け止めが欲しい等、ひょっとすると男性にとっては、小さなことのように感じるかもしれませんが、女性が自分の健康を守るために、あるいは自分の心を穏やかに保つために必要な要望でした。

このため、女性支援団体が避難所を一つ一つ周り、女性たちの声に直接耳を傾け、他の支援団体とＩＣＴ(Information and communication Technology)を使って情報を共有し解決策を模索した結果、避難所の生活が改善された事例も複数報告されています。ただ、残念なことに、こうした避難所生活における女性たちの苦労や支援団体の活動はマスメディアで大きく取り上げられることはあまりありませんでした。対照的に全国の各警察から女性警官が派遣されて、避難所や仮設住宅を巡回した活動は新聞を中心としたマスメディアで広く伝えられました。女性警官の活動は、被災した女性たちにとって心強いものではあったと思いますが、記者クラブで発表される情報はニュースとして伝えられるものの、女性団体の活動や情報はニュースになりにくいということも言えそうです(このことについては、次の項でもう少し詳しく述べることにします)。

二〇一五年三月に仙台で国連防災会議が開催され、政府間会議に並行して「市民防災世界会議」が開かれます。多くのＮＧＯ、ＮＰＯ、女性支援団体が参加し、女性の視点に立った防災シンポジウムやワークショップを行う予定です。既に述べたような避難所の女性たちの体験が、これからの防災活動に役立つことを期待しています。

また、被災した岩手、宮城、福島県内のコミュニティFM局が「東日本臨災FMネットワーク」を二〇一四年九月に設立しました。二〇一四年一二月時点で加盟局は一〇局です。このネットワークの事務局長で、特定非営利活動法人東日本地域放送支援機構の理事でもある宮城県塩釜市の「FMベイウェーブ」の横田善光専務は、「大きなメディアが伝えられない情報を小さいメディアが連携して伝えていきたい」と語っています。被災した体験を風化させることなくどう伝え続けていくか、震災の体験やその後の報道で培ったノウハウを多くの他のコミュニティFM局と共有していく予定です。

東日本大震災から四年近くが経った今も多くの人々が避難生活を余儀なくされています(二〇一四年九月現在の避難者数は二四万人を超えています)。それは、地震大国に住む明日の私たちの姿かもしれません。実際に、「東日本臨災FMネットワーク」の横田氏も、今後大地震が来る可能性の高いと言われている四国や近畿地方等で、災害時の情報の出し方などの講演活動を積極的に行っています。記憶の伝承、復興の状況、そして今後に向けた防災・減災のためのネットワーク作りなど、生活に密着したコミュニティFMならではの役割が期待されます。

報道における女性の存在

私が「ラジオフォーラム」のパーソナリティーを担当することになったのは、「ジャーナリズムの広場」に女性が必要だと感じたからです。女性パーソナリティーを探しているものの見つからないという話も番組関係者から聞いていました。「アナウンサーの仕事を一〇年も前に辞めた私が今さら……」という気持ちもあり、悩みましたが「私ができることがあるのなら」と自ら手をあげたのです。

テレビや雑誌などでは、女性のほうが元気なイメージがあふれています。就職活動においても女子学生の方が優秀という声は長年にわたって聞こえてきます。男女平等なんてもう古いという指摘もあります。しかし、日本は世界的に見れば、圧倒的男性優位社会です。ジュネーブに本部を置く世界経済フォーラムが発表した二〇一四年の男女平等格差指数(ジェンダー・ギャップ指数)で、調査一四二か国中日本は一〇四位、先進七か国の中で最下位です。この調査は教育、健康、経済界、政界への進出という四分野を数値化して比較しているもので、日本は経済界と政界への進出の遅れが目立っています。女性の教育レベルはそれなりに高くても、社会に参画する機会は極端に低い国です。

私はこうした男女平等に関する情報や、国連などが提唱するグローバル・スタンダードについて日本のマスメディアの関心が低く、情報として広く伝えないことに大きな責任があると考えています。なぜニュースとして伝えられないのか。それは、報道機関で女性の参画が遅れているからです。二〇〇九年に世界五九か国で行われた「報道メディアにおける女性の地位世界調査」でも、日本の報道組織における女性の参画率は、調査国中最下位クラスでした。その後、私も一員として行った国内のテレビ報道職へのインタビュー調査では、男性並みの長時間労働が大前提となっている職場であり、女性が増えることは望んでいないという答えが男性管理職からかえってきました。女性の存在の不足が、女性の問題を社会問題と認識する力の不足につながっていると感じています。例えば女性への暴力は、長年、家庭内あるいは私的な問題と捉えられていましたし、「嫁の仕事」と当前視されていた介護が社会で担うべき課題となった過程には、女性たち自身の意見表明と行動がありました。

一九八六年に男女雇用機会均等法が施行されて三〇年近くが経ち、マスメディアの報道部門にも女性管理職が誕生し始めました。その結果、ニュースとして伝えられる情報の内容にも変化が出てきました。最近の例としては、二〇一四年の東京都議会における女性議員への「やじ」発言を巡る動きが大きく取り上げられたことがあります。出産や不妊等に悩む女性への支援策を訴える女性議員に対して、「自分が生んでから」、「頑張ればできる」等という「やじ」が複数確認された問題です。国内外の多くのメディアが女性差別として取り上げた背景に女性記者たち、特に決定権を持つ女性管理職の存在は欠かせません。女性記者たちの中にも同様の発言を日常的に浴びながら仕事を続けてきた女性は多くいます。こうした発言が社会問題であるという認識は、やはり女性管理職の方が強く持っています。それは彼女たちが、男性支配ともいえる報道機関の中で、男性並みの長時間労働に従事しつつも、子育てや介護を当事者として体験してきたことと無関係ではありません。男性並みの長時間労働だけでは見えない社会があることを彼女たちは知っています。多様な働き方の模索と実践のリーダーシップをとっているのもこうした女性管理職のパイオニアたちです。

都議会のやじを巡る出来事は、海外メディアと国内メディアの表現に温度差がありました。国内メディアでは「やじ」と表現される行為が、海外の主要メディアでは「性差別主義者」の発言であり、「性差別的虐待」という強い言葉で批判されていました。人権を侵害する深刻な行為であると認識されていることがわかります。このギャップは日本の報道現場の認識不足を示してもいます。もっと女性の参画が必要です。

狭められる表現の自由

二〇一二年に自民党の安倍政権が誕生して以来、憲法九条の解釈変更や、集団的自衛権の行使容認、特定秘密保護法など、立憲主義を根幹から覆してしまいかねない動きが顕著です。表現の自由が脅かされるようなケースも続いています。

市民が詠んだ俳句──「梅雨空に『九条守れ』の女性デモ」──が、埼玉の地元公民館に掲載を拒否されたのは二〇一四年六月のことでした。地元の公民館長は「意見が二つに割れている問題で、一方の意見だけを載せるわけにはいかない」(『東京新聞』二〇一四年七月八日朝刊より)と語っています。二〇一四年八月には、東京国分寺市において一一月に開かれる「国分寺まつり」に、それまで毎年出店していた憲法を守る会「国分寺九条の会」の参加が拒否されました。二〇一四年から「政治・宗教的な意味合いのある出店」は参加できないように実行委員会で決めたといいます。地方自治体が、憲法集会や脱原発に関するシンポジウム等の後援を断る事例も全国で相次ぎました。公民館や地域の祭りという身近な場所で、地域の行政機関が自主規制を始めたことは極めて残念であると同時に、地域の行政機関が、地元住民の意見を排除していることに対して無自覚であることに怖さも感じます。

芸術の分野でも同様のことが起こりました。二〇一四年七月、漫画家のろくでなし子氏が制作した自身の性器をモチーフにした作品が、「わいせつ」であると判断され、ろくでなし子氏は警察に逮捕されました。既にろくでなし子氏がプロとして作品を発表しているにもかかわらず、警察は彼女の肩書きを「自称芸術家」としたのです。さらにこの警察の発表を報道機関がそのまま「自称」としてしまいました。海外メディアが氏の作品作りに対してフェミニズム的表現と理解を示したのとは対照的に、女性が性を表現することに対する国内の報道機関の無理解を感じる事件報道でした(その後、再び、二〇一四年一二月に、ろくでなし子氏とフェミニズムの論客として知られるライターの北原みのり氏の両氏が「わいせつ物陳列」の疑いで逮捕されるという事件が続きました)。

男性性器についても同様の「事件」が起こりました。二〇一四年八月、愛知美術館で開催中の写真展で、写真家・鷹野隆大氏の作品に写っている男性性器が「わいせつ物陳列」にあたるとして警察から撤去を求められました。美術館側は事前に、これらの作品については、仕切りをつけた別の部屋で展示するなどの配慮をしていましたが、匿名者の通報によって警察が介入する事態になりました。制作者の鷹野氏は、撤去するのではなく作品の下部にシーツをかけて男性性器を見えなくすることで作品を展示し続ける選択をしました。

人間の身体の一部である性器を「わいせつ」と誰がどのような価値観で決めるのでしょうか。表現の場に介入する警察の動きは、芸術家の活動を萎縮させるのに十分な力を持ちます。さらにそうした介入が、女性が自らの性器をかたどるという表現行為と、ゲイを連想させるような男性同士の裸体という表現活動に対して行われたことは、国家が規範とする男女像からの逸脱行為に対する「みせしめ」のようにも見えるのです。

この警察の動きについて、特定秘密保護法と関連して考えてみます。二〇一四年一二月、特定秘密保護法が制定から一年たって施行されました。政府はこの法律を、外交、防衛、スパイ防止、そしてテロを防ぐための重要法と位置づけていますが、成立前の二〇一三年九月に当時の法案に寄せられたパブリックコメントは九万件を超え、七七％が反対の意見表明をしていました。秘密の範囲が曖昧すぎること、市民の知る権利が侵される懸念があるというのが主な反対理由です。複数の報道機関やインターネット上でも反対の声は広がり、デモや公開シンポジウムが開かれ、市民による反対の意思表示がなされてきました。ですが、残念ながら政府は市民の声を完全に無視しました。特定秘密保護法の上記四分野の多くは警察官僚の所管です。この法律の施行によって警察官僚が力を強めていく可能性が指摘されています。性風紀を名目に表現者を萎縮させることの延長線上に、治安維持という名目が見え隠れしてきます。

「たね蒔きジャーナル」の心をつないで

「たね蒔きジャーナル」のキャスターを務めた毎日放送(大阪)の水野晶子さんは、柔らかい語り口でありながら、色々な立場の人を思いやり、わからないこと、知りたいことについて発言し取材対象者にはしつこく迫ります。そうした報道姿勢は水野さん自身が、契約アナウンサーから社員となるために闘った当事者であるという経緯も関係しているのではないかと推測しています。格差社会は報道機関の中にもあります。一つの番組には、社員以外の多くのスタッフ(制作会社、派遣、フリーランス)が関わっています。水野さんはそうした自身の足もとの格差にも心を痛めています。私の周囲でこのような視点を持つ報道関係者はそれほど多くありません。その水野さんと共に番組を制作してきたスタッフ、番組の中で原発の危険性を訴え続けた小出裕章さん、こうした人々によって「たね蒔きジャーナル」は存在し、信頼を得てきました。

この「たね蒔きジャーナル」の心がリスナーという市民たちに支えられて「ラジオフォーラム」となり、ジャーナリズムの貴重な一つの広場となっています。支えてくれている市民の皆さんと「ラジオフォーラム」誕生に力を尽くした五人の男性パーソナリティー、番組スタッフに改めて敬意を表したいと思います。女性であることで手を挙げた私ですので、これからも女性に関わる問題を取り上げていきたいと思っています。出産、中絶、代理母、卵子提供など女性の身体を巡る社会問題は数多くあります。十分な性教育が行われていない間に、一〇代の望まぬ妊娠やＨＩＶの感染率が若者の間で高まっていることも大きな問題です。そして、東日本大震災の後の東北を訪ねることは継続して行っていきたいと考えています。沖縄は民主主義を考える上で極めて重要な場所です。伝えたい事柄、伝えるべき社会問題は山積しています。可能な限り現場に行って当事者の話を聞きたいと思っています。

繰り返しになりますが、今、私たちの暮らしの身近なところに、自分たちの思いや異なる意見を発信しづらい圧力とも言える「空気」が迫っています。しかし同時に、新しい情報伝達手段を使って、市民一人ひとりが小さな行動に移すことで力が結集されて解決に向かった事例もあります。「市民一人ひとりの発信とネットワーク」、これが私たちの未来を創っていくキーワードになっていくことでしょう。そのためにマスメディアの良心的なジャーナリストたちとのネットワークも欠かせません。

「たね蒔きジャーナル」の心を受け継いで発信を続けていくこと、声をあげられない人々の声をすくい上げ、市民をつなぐ一つの結節点となること、それが「ラジオフォーラム」のパーソナリティーとなった私たちの使命だと考えています。

6

報道されない アフガン、シリア、イラクの真実

西谷文和

私は年に三、四回、シリアやアフガン、イラクなどを取材している。帰国するたびに「ラジオフォーラム」で現地報告をやらせてもらっているが、リスナーのみなさんに肝心の映像をお見せできないのが少々もどかしい。しかし大手スポンサーのいない、多くの市民のみなさんに支えられている番組だからこそ「安倍さんは最悪の首相ですわ」「武器を作って儲けているヤツらがいるから戦争は終わらへんのです」など、言いたいことを言わせてもらっているので、「ラジオもいいなー」と感謝している。集団的自衛権の行使容認で自衛隊が海外に派兵されてしまいそうな状況だからこそ、「戦争のリアル」を発信し続けていきたい。この本では、時間の関係で番組では伝えきれなかった「アフガン、シリア、イラクのリアル」を紹介したい。

アフガニスタン戦争の現場で目にしたもの

アフガニスタン戦争が始まったのは二〇〇一年一〇月七日。九・一一同時多発テロ事件から一か月も経たないうちに、アメリカは強引にこの戦争を開始した。二〇〇一年九月一一日、ニューヨークの高層ビルに二機の旅客機が激突、その後ビルは「爆破解体されたかのように」崩壊して、約三〇〇〇名もの人命が奪われた。ブッシュ大統領(当時)は、「これは戦争だ」「世界はどちらにつくのだ、アメリカの正義か、テロリストか」などとヒステリックに叫び、犯人はビン・ラディンだと決めつけた。ビン・ラディンがアフガニスタンに逃げ込んでいて、彼をかくまうタリバーンも同罪だという。そしてアメリカは個別的自衛権を行使して、アフガニスタン戦争を開始してしまった。

ビン・ラディンのアルカイダだけで、あの事件を起こし得たのか、アメリカは本当に事前にあのテロ情報をつかんでいなかったのか、ビン・ラディンはあの時アフガニスタンにいたのか、などなど、疑問はいっぱいあるが、仮にそうだったとしよう。ここで根本的な疑問が浮かぶ。あくまで九・一一はテロ事件だ。そうであるなら、犯人の逮捕、処罰などは報復の戦争ではなく、警察の捜査とその後の裁判で解決するべきではないのか?

九・一一事件は、見事な「ショックドクトリン」だったと思う。あまりにも悲惨な映像が繰り返し流され、その後にビン・ラディンが繰り返し登場して、「アメリカへの攻撃」を口にする。あの時世界は「思考停止状態」になって、あれよあれよという間に「テロとの戦い」が始まったのだ。

アメリカの個別的自衛権で戦争が始まり、イギリス、フランス、ドイツ、イタリアなど多くの国々が、アメリカへの集団的自衛権を行使して、戦争に参加した。当初、アメリカの同盟国は戦争の後方支援に回っていたのだが、国連で決議が採択され集団的安全保障の枠組みが出来上がると、イギリスなど同盟国は戦争の最前線に立つことになった。それから一三年が経過した。結果は？

イギリス、フランス、ドイツなどの兵士一〇〇〇人以上が殺された。ほとんどの兵士は一〇代、二〇代の若者だった。もちろん、彼らはその何倍もの罪なきアフガニスタン人を殺害してしまった。そう、集団的自衛権を行使してアメリカの戦争に加わることは、「若者を殺し殺される関係に追い込む」ことに他ならない。

二〇〇一年の時点で、日本は集団的自衛権の行使を認めていなかったので戦争に加わることができなかった。自衛隊はアフガニスタンの大地を踏むことはなく、誰も殺してこなかったし、殺されなかった。アフガニスタン市民の多くが、私が日本人だと分かると、「日本はＯＫ。誰も殺していないからね」と言ってくれた。

二〇〇九年と一〇年にアフガニスタンの激戦地カンダハルに入った。カンダハル空港から市内中心部までの国道は通称「仕掛け爆弾通り」と呼ばれていて、頻繁に通行するアメリカ軍の車列を狙った、仕掛け爆弾攻撃が繰り返されていた。

カンダハルで取材を始めて三日目、通訳とドライバー、私の三人を乗せた車は、この国道を通行していた。前方に米軍の戦車、装甲車が現れた。通常、戦車は一〇台くらい連なって移動する。単独走行は危険なので、車列を作って移動するのだ。その時私たちは少々急いでいた。米軍の車列がノロノロと前を行く。ドライバーはその車列を追い越そうとスピードを上げていく。その瞬間……。ピカッと緑色の閃光が車内を駆け抜けた。何や、これは?

「米兵がレーザー銃を撃った。危ないから離れろ!」

通訳がドライバーに叫んだ。私たちの車は急ブレーキを踏み、これ以上近づくことはないと意思表示をして事なきを得た。

「あのまま距離を取らずに近づいていったらどうなるの?」「次は赤のレーザー銃が来る」「それでも近づけば?」「その時は間違いなく撃たれる」

通訳の説明がなければ、緑色の光線の意味が分からず、突き進んでいたかもしれない。

米軍にすれば、緑で注意。赤で警告。それにもかかわらず近づいてきた車は容赦なく撃つ。近づいてきた方に責任があるという理屈だ。「そのルール」を知らない多くのアフガニスタン人、イラク人が、「ただ単に近づいただけ」で撃ち殺されてしまった。もし戦場に自衛隊員が立てば、必ずこうした場面に遭遇する。その時、自衛官はためらわず撃たねばならない。近づいて来る一〇〇〇台の自動車中、一台が自爆するかもしれない。今、近づいてくる車は、その一台かもしれない。撃たなければ自分だけでなく仲間の命も奪われるからだ。米兵の多くはこのようにしてたくさんの無実の人々を殺してしまった。最近では民族衣装のブルカをかぶり女装したテロリスト、障害者に爆弾を巻き付けて自爆させる、子どもにもやらせる、など自爆にもいろいろあるので、米兵は女性、子どもも撃たざるを得なくなっている。

無事に帰国した米兵の中には、撃ち殺した子どもの姿が脳裏に焼き付いてしまった人も多くいる。

うなされて眠れず、酒やドラッグに浸って、うつ病を患う。もちろん手足をもぎ取られた米兵もたくさんいる。これら兵士の医療費は税金だ。つまり集団的自衛権で戦争に参加するということは、戦争にかかる費用はもちろん、その後の兵士の医療費にも国家予算がつぎ込まれていく。若者が働けなくなることそのものも社会的損失だ。当然、その他の予算、例えば福祉や教育予算は大幅に削減されてしまうだろう。つまり集団的自衛権を行使して参戦することは憲法九条だけでなく、最低限の生活保障をうたった二五条もないがしろにするのだ。

アフガニスタンの首都カブールで、自爆テロに遭遇したことがある。カブールの高級デパート前で、一人の若者が身体に爆弾を巻き付けて自爆したのだ。たまたま近くにいた私は現場へ急行。おしゃれなデパートの看板、窓ガラスが粉々に砕け散って、鉄骨がむき出しになっていた。デパートの正面玄関には、犯人の頭がごろっと転がっていた。三〇メートルほど離れた向かい側の道路には、彼の右手がボトッと落ちていて、駐車していた車のフロントガラスには、腸がベチャッと貼り付いていた。凄惨な現場だった。私は嗚咽をこらえながらビデオカメラを回した。五分ほどして、民間軍事会社の兵士がやってきた。「犯人は？　被害者は？」彼らは聞き取り調査を始め、ロープを張って、立ち入り禁止区域を作った。民間軍事会社？

そう、戦争が民営化されていて、高級デパートや大使館、空港、五つ星ホテルなどの治安を守っているのは民間警備会社。たとえるなら、「日本のセコムやアルソックの戦争版」なのである。

民間軍事会社の兵士が到着して一五分ほど、つまり事件から二〇分後に米兵四人がやって来た。兵士たちは民間軍事会社の兵士と協力して、現場検証を行っている。すでに野次馬が集まってきていて、現場は黒山の人だかりとなった。「そろそろヤバイな。逃げよう」。通訳と私は目で合図して、そそくさと現場を離れた。なぜか？

最近の自爆攻撃、仕掛け爆弾攻撃は手が込んでいる。まず最初の一発目を爆発させる。米兵や野次馬たちが集まって来る。犯人たちはその近所にあらかじめ威力の大きな二発目を仕掛けている。そして頃合いを見て……。ドーンッという大轟音とともに多くの命が奪われていく。私たちはこの手口を知っていたので、早めに現場を離れた。もし集団的自衛権が行使されて、自衛隊が現場に派兵されれば……。次からは自衛隊員が現場検証をすることになる。町の治安を守るのは自衛隊員の任務。そして軍服を着ているが故に、その姿は群衆の中で際立つ。かくして自衛隊員は格好のターゲットになってしまう。これが「戦争のリアル」なのだ。

アフガニスタンに平和をもたらすには

アフガニスタンにはすでに一〇回以上入国している。その度に毛布や食料、医薬品などを配っているのだが、避難民キャンプには膨大な数の人々がいるので、持参した支援物資は「焼け石に水」で、全然足らない。トラックに積んだ食料がなくなっても、「俺にもくれ！」「私にちょうだい」と避難民が懇願する。医者と患者の関係に例えれば、私がやっていることは、重症患者の傷口に薬を塗って、しばらく痛みを和らげる、という程度のもの。

ペシャワール会の中村哲さんと現地で出会った。彼は干ばつで飢餓状態にあったアフガニスタンの農民たちに、上流の川から用水路を引き込んで、砂漠を緑に変えていった。この素晴らしい事業を通じて、村が生き返り、人々は農業で自立できることとなった。例えていうなら、重症患者に適切な手術をして、健康な身体に戻してあげたようなものだ。簡単にいえば、私の支援は一時しのぎ、中村氏は本物の支援を行っているのだが、彼の支援の範囲は、当然だが一部の農村にとどまっている。アフガニスタンという国レベルの貧困を救う方法は何か？

それは戦争を止めること、平和で安心して暮らしていける状況を作り出すこと、だろう。アフガニスタンの人々は屈強で粘り強く、向学心もあり勤勉なので、平和さえ勝ち取れれば、自分たちで農業や工業を立て直し、豊かな国を作っていくことができる。国際社会がちょっとしたサポートをするだけで、国民は自立していけるだろう。

ではアフガニスタンに平和をもたらすにはどうすればいいだろうか？

和平実現のためには、米軍とタリバーン、アフガニスタン軍が和平合意に基づいて暫定政府を作り、国際的な監視の下で、正当な選挙をして全国民が合意した新しい政府を作ることだ。ではその和平合意は誰が作る？

本来なら国連の登場なのだが、タリバーンはすでに国連を信用しておらず（国連決議に基づいて戦争が行われているのだから、当然と言えば当然だ）、どこか第三国が調停に入るのが一番だ。

アフガニスタン戦争は、よく米軍とタリバーンの戦いだ、と描写されるが、正確にいえば、ＮＡＴ

O軍とタリバーンの戦争だった。先に書いたように、イタリアもドイツもフランスも軍隊を派兵して、罪なき子どもたちを殺害してしまっている。仮に、ここに平和を願うドイツの青年がいて、「ベルリンで和平会議を開催しよう」と呼びかけてもタリバーンは行かない。ドイツは当事者なのだ。同様に、パリでもローマでも無理だろう。先進国で軍隊を出さなかった唯一の国は?

それが日本なのだ。タリバーンもアフガニスタン政府も、戦争に疲れ切っている。「そろそろ和平に向けて互いに譲歩し、停戦協定を結びませんか?」こうした提案は、「東京会議」なら可能なのだ。つまり日本政府がその気になって、アフガニスタンの仲裁に入れば、きっと和平が進む。戦争を終結に導けば、その年のノーベル平和賞は日本政府が獲得するだろう。

簡単にいえば、憲法九条を使った平和外交ができるのは日本だけなのだ。福島原発事故で汚染水を世界に垂れ流している日本は、今後批判の対象になっていくだろう。そんな時だからこそ、九条を使った平和外交をしていけば、日本の信頼は回復し、「名誉ある地位を占めたいと思ふ」私たちを喜ばせるだろう。

安倍内閣が実際にやっていることは、「俺たちもNATO軍のように戦おうぜ」ということ。世界中の多くの人々が「イラク、アフガニスタン戦争は間違いだった」と反省している時に、日本だけがその願いに逆行して「仲間に入って同じ間違いをしたい」と言っている。こんな政府は最悪だ。アメリカに、奴隷のように追随する歴代の自民党政府を代えて、憲法を生かす政府を作り出せば、結構、「日本は国際的にいい位置」にいるのだ。集団的自衛権行使容認を許すわけにはいかない。安倍内閣は打倒の対象だ。

シリア内戦の現場を訪れて

内戦が泥沼化したシリアは、世界で最も危険な国の一つになってしまった。二〇一二年から連続して三年間、激戦地アレッポを取材しているが、ミグ戦闘機からの空爆、ロケット弾攻撃、地上での銃撃戦など、気の休まる時はない。

二〇一一年三月、チュニジア、エジプト、リビア、イエメンなどで勃発した「アラブの春」がこの国にも飛び火。シリア南部の町ダルアーで民衆が蜂起したが、アサド大統領は、蜂起した自国民を銃で虐殺していった。思えば最初のこの虐殺が、内戦に至る地獄への門だった。フセイン、カダフィーと独裁者が倒されていく姿を、当然アサドも見ているので、徹底的な虐殺、弾圧で「アラブの春」を封じ込めようとしたのだ。もし最初のデモを、穏健な話し合いで収めておけば、約二〇万人もの命は奪われることなく、そして一〇〇〇万人（シリアの人口の半分近く）に上る難民&国内避難民が生じることはなかった。戦前の天皇制もそうだったのだろうが、アサドの周囲はイエスマンしかいないので、身体を張って虐殺を止める人物がいなかったのだろう。

やがてシリアの「アラブの春」は、内戦に転化した。アサド大統領を守ろうとするアサド政府軍と、蜂起した民衆が中心となって作り上げた自由シリア軍との壮絶な戦いだ。

一二年九月、内戦中のシリアに初めて潜入した。トルコ側のリハニーヤという街を出て、車で走ること約一時間。国境はオリーブ畑だった。ここに難民の運び屋がいて、深夜まで畑の手前で待機する。運び屋の携帯に電話がかかってくる。自由シリア軍の兵士からだ。深夜一二時を回る頃、運び屋がおもむろに立ち上がり、私の手を引いて暗闇のオリーブ畑を歩きだす。トルコ国境警備隊の監視塔が不気味にそびえていて、時折サーチライトが畑を照らす。二〇分ほど歩いただろうか、暗闇の中に一枚のフェンスが現れた。これが国境だった。フェンスに沿ってしばらく歩く。すると一か所、フェンスに大きな穴があいている。穴からシリア難民が出て来る。家財道具を頭に乗せた母親と子ども。トルコ側に抜けた後、小走りに畑を行く。すれ違う時に「がんばれよ」と目で合図。暗闇にトルコ軍がいるかもしれないので、みんな無言だ。

いよいよ穴をくぐり抜ける。運び屋とはここでお別れ。サーチライトが回っている。「ルパン三世みたいやな」。緊張しているのだが、なぜか呑気な自分がいる。

鉄条網ぐるぐる巻きのフェンス、その穴を首尾よくくぐり抜けて、シリア側へ潜入。「アッサラームアレイコム(こんにちは)」。暗闇の中から、ぬっと自由シリア軍の兵士が現れ、固く握手を交わす。あいさつもそこそこに、兵士が私の手を引っ張って、オリーブ畑のあぜ道を走り出す。この時点で、「不法出国」の罪を犯しているので、フェンスの向こうのトルコ軍が撃ってくる可能性があるのだ。あぜ道を一〇分ほど走る。兵士はだんだん速度を緩めて、「もう大丈夫だよ」と笑顔を見せる。あぜ道の先に一台のランドクルーザー。車内に銃を持った兵士が二人。「アッサラームアレイコム、ウエルカムシリア(こんにちは、シリアへようこそ)」。こうして私はシリアに潜入した。兵士のたまり場で一泊してから、いよいよアレッポをめざすことになる。

翌朝、国境の町アトマからまずはアナダンという町へ。内戦前は約三〇万人の中堅都市だったアナダンはゴーストタウンと化していた。空爆で破壊された病院、民家を取材しながら、九〇年代末ユーゴで見た、「民族浄化」を思い出した。アサド政府軍は無差別大量空爆で、住民を根絶やしにしようとしたのだ。この地域の住民はほぼ全員がイスラム教スンニ派で、アサド軍の大半はシーア派の流れをくむアラウィー派。「民族浄化」ならぬ「宗派浄化」の様相を示しているのだ。

破壊された商店街に、まだ逃げずに残っている人々が生活していた。

私のビデオカメラを見て、「撮って、撮って」と子どもたちが寄って来る。私が戦場を撮影しに来たのだと分かると、子どもたちはロシア製のミサイル、イラン製のロケット弾を持ってきた。「バッシャール(アサド大統領のこと)が撃ってくるんだよ」。「大きくなったら兵士になりたい。バッシャールを殺してやるんだ」。子どもたちがカメラの前で武器をかざしながら証言する。憎しみの連鎖は世代を超えて広がっていく。

アレッポに潜入したのは夜九時を回っていた。町の入り口に、燃え上がったトラックとバス。「アサド軍の兵士を運んでたバスだ。俺たちがやっつけてやったよ」。兵士が「戦果」を自慢する。シリア第二の都市アレッポ、しかし電気が切れて、大都市は真っ暗。ウゥー、けたたましいサイレンとともに救急車が通り過ぎる。誰かが撃たれたのだろう。

兵士のたまり場は、逃げたパーマ屋さんの店舗だった。二〇人ほどの兵士がカラシニコフ銃に弾を詰めている。仕掛け爆弾の手入れをしているヤツもいる。これらの武器はサウジやカタールなどの湾岸諸国から流入して来る。つまりアサド政府軍にはロシアやイランが、自由シリア軍には湾岸諸国が、それぞれ武器と資金を援助するので、内戦が延々と続いてしまう。国際社会がこの武器の流入を止めておけば、こんなにもたくさんの命が奪われることはなかったのに……。

パーマ屋の二階で兵士とごろ寝。うとうとしていたら、ドーンッという轟音と地響き。ロケット弾が近所のビルに命中した。飛び起きて、周囲を見渡す。兵士たちはすやすやと眠っている。「怖くないのか、こいつら」。もうこうなったら眠れない。仕方なく天井を見上げながら、「当たりませんように」と祈るのみ。深夜一時を回って、ドーン、ドーンという轟音が連続するようになってきた。

ドッカーン！　ついに来た、近いぞ！　やはり飛び起きて、すぐにも逃げ出せる態勢を取るが、兵士たちは寝床に入ったまま。一人の兵士がむくっと起き上がり「アラー、アクバル(神は偉大なり)」と叫ぶ。次にその兵士はパタッと倒れてまた眠りはじめる。「寝言やったんかい！」心の中でツッコミを入れながらも恐怖心は高まるのみ。まんじりともせず、夜明けを迎えた。この日のロケット弾攻撃は二二発だった。

早朝、おそるおそるアレッポの町へ出る。二四時間警備の兵士たちがお茶を飲んでいる。アレッポは世界遺産に指定された歴史ある旧都で、町の真ん中にアレッポ城がそびえている。お城の周囲は石畳の美しい商店街になっていて、城下町を構成している。アサド政府軍はこのお城に立てこもっていて、自由シリア軍は城下町に潜んでいる。自由シリア軍兵士六人と城下町の路地を歩く。狭い路地にいる時は比較的安全だ。しかし大通りやお城が直接見える商店街は極めて危険。あの城から狙撃されてしまう。

細い路地が伸びている。六人の兵士が縦列に並ぶ。一人目が路地の先まで走っていく。兵士は半身を城の方へ向けて、カラシニコフ銃をぶっ放す。ダダダダダッという銃声、「アラー、アクバル」という叫び声。弾が切れたのか、二人目が走り出し、交代。この兵士は見るからに幼い。高校生くらいだ。三人目は大学生くらい。交代でどんどん撃っていると、城の方からも「アラー、アクバル」という叫び声が。チューン、一発の弾丸が路地に飛び込んで来た。石畳の壁に跳ね返った弾が、こちらに飛んで来る。幸い誰にも当たらなかったが、当たればよくて重傷、下手したら死ぬ。銃撃戦は三〇分ほど続いた。これがこの街の日常。六人の兵士は全員が一〇代、二〇代の若者だった。戦争は昔も今も年寄りが命令して若者が殺されるのだ。

内戦の背景を探る

では、なぜこんなにも悲惨な内戦が延々と続くのか、その背景について考えてみよう。シリアという国は比較的新しく、建国は一九四六年のこと。今から一〇〇年前まで、ここはオスマントルコだった。オスマントルコはドイツと組んで第一次世界大戦に参戦し、敗北。勝利したイギリスとフランスが、オスマントルコを勝手に分割していった。サイクス＝ピコ協定で、イギリスはイラク、ヨルダン、パレスチナを統治。フランスは、シリアとレバノンを手に入れた。

パレスチナを手に入れたイギリスは、そこに住むアラブ人に対して、この地にアラブの国を作っていいよと許可を与えた（フサイン＝マクマハン書簡）。その一方で、イギリスは世界中に散らばって住むユダヤ人に、ここにイスラエルという国を作ってもいいと許可した（バルフォア協定）。

かくしてアラブとユダヤは互いに建国をめぐって争わさせられるようになった。そして中東戦争が勃発。この戦争は現在も続いている。

一九六七年、イスラエルは第三次中東戦争で勝利する。イスラエルはシリアに侵攻し、ゴラン高原を力ずくで奪ってしまう。その三年後、一九七〇年にハーフィズ・アサドがクーデターを起こし、独裁政権を樹立。父アサドは三〇年間シリアのトップに君臨し、二〇〇〇年に病気で死去。息子のバッシャール・アサドが世襲で独裁国家を引き継いだ。アサドはシリアの人口一〇％程度を占めるイスラム教アラウィー派の出身。多数派は八〇％ほどのスンニ派で、残りをクルド人やキリスト教徒などが構成する。

ではなぜ少数派のアサドが政権を取れたのだろうか？

そこにはフランスの思惑があった。フランスは植民地占領から撤退する際に、少数派のアラウィーに武器を渡して、アラウィー派主体の軍隊を作ってから撤退する。アラウィー派が軍を持てば、クーデターを起こしやすい。案の定アサドがクーデターで権力をつかむ。少数派の政権は国内政治基盤が安定しないので、宗主国のフランスや、イギリス、ロシアなどの大国を頼るようになる。逆にいえば、ヨーロッパ列強は、わざと少数派に政権を取らせることで、その国をコントロールしやすくしていたのだ。因みにイラクのフセインは少数のスンニ派政権だった。アフリカのルワンダではフツ族とツチ族の悲惨な内戦があったことで有名だが、あれは宗主国のベルギーが、少数のツチを優遇して政権を取らせていたことが背景にある。

中東の戦争については、よく「この地域はスンニ派とシーア派が対立してましして」とか「イスラム教とキリスト教が歴史的に戦争を繰り返していて」などと「解説」されることがある。私はこれは皮相な見方だと思っている。スンニ派もシーア派も別にいがみ合って生活してきたわけではない。イスラム教徒もキリスト教徒も平和を願って多文化共生で生きてきた。宗教や宗派の違いをことさら誇張して、対立するように仕向けてきたのは、イギリスやフランス、ロシアやアメリカなどの「大国の都合」だった。シリアはまさにそうした大国の都合で翻弄されてきた国なのだ。

少数派のアサド政権は、常に多数のスンニ派に脅威をいだく。一九八二年、シリア中部の都市ハマで、ムスリム同胞団が蜂起した時、父アサドは徹底的な大虐殺で弾圧した。そして今回もスンニ派主体の自由シリア軍を、「住民大虐殺」という形で皆殺しにしていったのは、そんな歴史的な背景があったのだと思う。

いったん始まった内戦はなかなか終わらない。なぜだろうか？

そこにあるのは「利権」だと思う。

ロシアは天然ガスを産出する。ロシアの石油や天然ガスはパイプラインを通ってヨーロッパに輸出される。一方、サウジアラビアやカタールなど湾岸諸国も豊富な石油とガスを持っている。当然、湾岸諸国も天然ガスをヨーロッパに売りたいと考える。トルコまでは安全なので、パイプラインを簡単に通すことができる。問題はシリアを通せるかどうか？

サウジアラビアやカタールは、シリアを通ってパイプラインをつなぎたい。そのためにはアサド政権が邪魔。だから自由シリア軍に武器を渡してアサドを倒せと、この内戦を煽る。逆にロシアは、通されると天然ガスの値段が暴落するので、アサドに武器を渡して「踏ん張れ！」と命令する。そう、アメリカがイラク石油を強奪するために戦争を引き起こしたのと同じように、ここにも「武器と石油の莫大な利権」が転がっているのだ。

シリア内戦はすでに四年が過ぎ、この両者の戦いに割って入るかのように「イスラム国」が台頭し、イラク北部のモスル市を始め、多くの地域がイスラム国の支配下に入ってしまった。ますます内戦が泥沼化、混沌として、出口が見えなくなっている。

戦争と原発はよく似ている。どちらも莫大な利権がその背後に潜んでいる。そしてウランという物質が地球を汚し、どちらも差別を助長する。米軍の空爆で左手を失ったアフガニスタンの少女は、小学校に行かなくなった。「腕がない」といじめられるからだ。原発も都会が田舎を差別して、無理矢理作り上げた「格差の象徴」だ。戦争も原発もない社会をめざさなければ、地球環境も生活も破壊されてしまう。「ラジオフォーラム」では、今後もこの二大テーマ、戦争と原発について、みなさんと一緒に考えていきたいと願っている。

7

ラジオとヘイトスピーチとジャーナリズム

石丸次郎

忘れもしない二〇〇九年の初春のことである。私は北朝鮮関連取材のために九〇年代から通い続けている中国吉林省の延辺朝鮮族自治州に列車で降り立った。陽が落ちた頃、ずっとお世話になっている中国朝鮮族の知人の家に着いて旅装を解き、食事を頂きながらテレビを付けた。ちょうど中央電視台(CCTV)の七時のメインニュースが始まったところで、いきなり目に飛び込んできたのは日本の街中の写真だった。次に映ったのは、デモ隊のような一群が日の丸を掲げて商店を取り囲んでいるような写真だ。少し記憶は曖昧なのだが、「日右翼分子　華人商店に押しかける」というような意味の中国語の字幕が打たれていた。いったい何のニュースなのか非常に気になり、食事の箸を置いて画面に集中した。漢字の字幕と家の主人の説明で、東京の池袋で中国人が経営する商店に集団が押し掛け、激しい嫌がらせをした事件について報じていることが分かった。動画はなく、画面は同じ写真数枚が繰り返し流されるだけだ。キャスターが事件の概要を伝えた後、評論家か解説委員と思われる数人が登場して討論を始めた。中国語が拙い私に、知人がその内容を説明してくれた。

「華人のお店の品物が道路にはみ出していて迷惑だから出ていけと、右翼分子が押し寄せたと言っています。この連中はいったい何ですか?」

コメンテーターたちは、いずれも淡々とした口調だが表情は険しかった。知人が訳してくれたところによると、番組は特に日本非難の論調ではなく、東京で華人排斥の動きが起こっている実情を解説していると言う。このコーナーは二〇分以上続いただろうか。見終わる頃に、私はようやく「連中」のことが把握できた。

「最近、韓国人や中国人を標的に排斥を叫ぶグループが街中で騒ぎを起こすことがあるようです」

この時、私にはこれぐらいの説明しかできなかった。排外主義グループが中国人の多い池袋や、新宿区にあるコリアタウンの新大久保で嫌がらせ活動をしている写真や動画を、彼ら自身が「成果」としてインターネット上に上げていたし、その中心的存在の在特会(在日特権を許さない市民の会)の街頭情宣の動画も見ていたのだが、この手の集団がなぜ中国人商店を攻撃しているのか、彼らはどんな背景を持ち、どれぐらいの勢力なのか、私は詳しいことを知らなかったのである。二〇〇〇年頃からネット空間では無責任で自慰的で露骨な、韓国・朝鮮人、中国人に対する差別扇動表現が溢れていたが、それが増殖して、ついに街頭に進出するようになったのかという感想は持っていた。だが、日本のマスメディアは在特会ら差別排外グループについて報じることはほとんどなかった。日本のテレビより先に中国のテレビで彼らに関する報道を目にすることになった私は、国際問題に発展しつつあるのではないかとショックを受けるとともに、自分も含めたジャーナリズムの取り組みの遅さを恥じた。

帰国後、知人の著名ジャーナリストと、街頭に公然と登場した差別排外グループについて話す機会があったが、彼は「差別・排外街宣はただのヘイトクライム(憎悪犯罪)だ。目立ちたい彼らの主張を拡散してしまうことになるので、放置、無視するのが一番だ」と言った。中国で「池袋事件」のニュースを見るまで、私の認識も、彼と五十歩百歩のものでしかなかった。

その年の一二月四日。ヘイト活動グループが、後に犯罪として裁かれる大事件を起こした。在特会らのグループ一一人が京都朝鮮第一初級学校の校門前に押しかけて、朝鮮学校が学校前の公園を長く体育の授業や行事で使ってきたことに抗議するとして騒いだ。公園に朝礼台やサッカーゴールなどを置いていることを「不逞鮮人による不法占拠」などと主張。また、同月二〇日には在日韓国・朝鮮人約二〇〇人が住むウトロ地区(京都府宇治市)で、「在日韓国人が不法占拠を続けるウトロ地区への税金投入を行わないこと」を訴えるデモ行進を行った。

両日の在特会らの行動の様子は、在特会自身や朝鮮学校側が撮影した映像がユーチューブなどで公開されたのだが、まあ、凄まじい品の悪さである。校門を揺らしながら拡声器で「門を開けんかい」「出て来いやってやる」「キムチ臭い」「スパイの子供たち」などと四五分にわたり騒いだ。また、ウトロ地区での集会とデモでは「不逞鮮人を叩きだせ」「韓国へ帰れ」などと気勢を上げた。

そのあまりの酷さに、関西では毎日放送が「京都朝鮮学校事件」をニュースで取り上げた。ところがである。在特会ら排外グループは、すぐさまネット上で毎日放送への抗議を呼びかけ、大阪・梅田の社屋前で拡声器を使った抗議街宣を行い、その様子を撮った動画をまたネット上に公開して成果を誇ったのである。このように押し掛けて騒ぐやり方は実にうっとうしいものだ。会社として対応もしなければならない上、騒ぎに対し近隣から苦情が来ることもある。さらに抗議電話、抗議メールもネット上で呼びかけて組織する。「在特会らがやっていることはめちゃめちゃだと思うけれど、会社は面倒を嫌うから、ヘイト活動を取り上げるのを避けてしまう」

「京都朝鮮学校事件」の後、知己の在阪テレビ局の記者は私にこう言った。

私はこの時『サンデー毎日』に連載していたコラムでこの事件を取り上げることにして原稿を編集部に送った。編集担当者は、

「在特会らの批判やりましょう。石丸さんには好きに書いてほしいけれど、彼らはすぐ抗議に押し掛けたり、電話かけてきたりする。我われも覚悟しますが大丈夫ですか？」

と心配してくれた。

「もし、編集部にいちゃもんを付けて来たら、筆者の私に直接言うように伝えてください。電話番号を教えていただいても構いません」

私はそう答えた。もし事務所に押しかけてきたら、それをこちら側でも動画に撮って公開してやろうと思ったのだ。私の所属するアジアプレスの仲間も了解してくれたのだが、いざ対応準備を皆で考え始めると、面倒が実にたくさんあることがわかった。毎日放送前で彼らがしたように拡声器で大騒

ぎしたり、建物に押し入ろうとしたりするかもしれない。まず事務所の入るビルの家主に説明に行かなければならなかった。電話の応対の簡単なマニュアルも作った。もみ合いになったらどうするのか？　警察対応は？　彼らが動画をアップしたらどうする？　そんな話し合いをしていると半日が過ぎてしまった。

結果的に幸か不幸か、私のもとに電話が一本あっただけで、編集部にも抗議行動めいたものは何もなかった。だが、不毛な緊張を何日も強いられるのは本当に消耗する。在特会のようなフットワークのいい集団に毅然と向き合うのは、疲弊を強いられることなのだとわかった。直接押し掛けられ、罵詈雑言を浴びせられた京都朝鮮学校の生徒や教師、親御さんたちの屈辱と恐怖はいかばかりだっただろうか。

二〇一三年一月、「ラジオフォーラム」が始まった。不慣れなパーソナリティーを担当することになった私が何としても取り上げたかったテーマの一つがヘイト活動についてであった。

「京都朝鮮学校事件」があって、マスメディアはようやくヘイトグループの激しい差別街宣について取り上げ始めていたが、その酷さが十分社会に伝わっているとはとても言えなかった。特に放送局は、「音」でヘイトスピーチのおぞましさ、酷さを伝えることを躊躇しているようだった。一方、街頭での差別排外街宣はエスカレートする一方だった。大阪でも東京でも「死ね」「殺せ」が堂々と連呼されている。その「音」をそのまま電波に乗せるわけにはいかない、という判断は当然あり得るだろう。またヘイト発言の拡散に加担することになるのではないかという危惧もあるだろう。「激し過ぎる言葉を視聴者は当然不快に感じるだろうから、スポンサーからクレームが来るかもしれないと、上層部は気にすると思う」と、広告主への忖度を「遠慮がちな報道」の理由の一つに挙げる放送局のディレクターもいた。

ラジオの良いところは、何といっても「音」が伝えられることだ。専門家やジャーナリストをスタジオに呼んで解説してもらうだけでは、あの酷さをわかってもらうのは難しい。聞くに堪えない罵詈雑言の現場音をリスナーに聞いてもらってこそ、どれだけおぞましいことが公然と行われているのか実感してもらえるだろう、私はそう考えた。「ラジオフォーラム」にはスポンサーがいるわけではない。「小さくてもジャーナリズムの広場を作りたい」を目標に、独立した立場で、どこからの干渉もはねつけて番組を作る覚悟が、創設に関わった人間たちには共有できている。私は、ヘイト活動を取材している在日朝鮮人二世のライター・李信恵《リ・シネ》さんに、ヘイト情宣の現場を音声取材してもらうことにした。彼女はしばしば在特会の桜井誠会長(当時)らから、直接に差別、侮辱の攻撃を受けながら取材しており、刃を向けられている当事者でもある。彼女の思いもリスナーに是非伝えたいと思った。

まず、全編ヘイト問題の特集を放送する前に、いわば「予告編」として、ヘイト街宣の生音をリスナーに紹介するコーナーを作ってみることにした。その日の番組のメインは、パーソナリティーでもあるジャーナリストの西谷文和のシリア現地報告だ。シリア政府軍と、反政府派の自由シリア軍の戦闘地域に入っての命がけの取材である。これを二〇分余り放送し、後半の一〇分程で、李さんが東京と大阪で取材したヘイト街宣の模様をスタジオに出演して報告してもらうことにした。

最初に紹介することにしたのは、二月九日に東京の新大久保で行われた「不逞鮮人追放！　韓流撲滅デモ　ｉｎ　新大久保」と銘打った街宣で発せられたスピーチのひとこまである。演説しているのはこのデモを主催した「新社会運動」の代表である桜田修成氏だ。

「朝鮮人は嫌いですか？」(「嫌いでーす」と応える声)

「あの蛆虫、ゴキブリどもが、増殖に増殖を重ねて、慰安婦となり、守銭奴となり、侵略者、犯罪者となって日本人に襲い掛かっているんだ。闘いなんだ。すでに戦争は始まっている」

「殺せ、殺せ朝鮮人」

続いて紹介したのは、日本最大のコリアタウンである大阪市の鶴橋で二月二四日に行われた「日韓国交断絶国民大街宣　ｉｎ　鶴橋」と銘打たれたデモと街宣の音声だ。
「まず日本人の方に聞きたいです、ここにいる「チョンコ」が憎くて、憎くてたまらない人は何人いますか？」(「はーい」の声)
「もう、殺してやりたい。みなさんもかわいそうやし。私も憎いし、死んでほしい。いつまでも調子に乗ってたら、南京大虐殺じゃなくて「鶴橋大虐殺」を実行しますよ」
「鶴橋大虐殺」を絶叫したのは、なんと中学二年生の女子生徒、ヘイト活動家の娘ということだった。さすがにこの女子生徒の音声は本人とわからないよう加工することにした。

「中学生にこのような発言をさせるのは、一種の虐待に当たるのではないでしょうか。それと同時に、周りにいた大人たちが煽っているのを見ていたたまれない気持ちになりました。私自身、中学生の息子がいるので、とても辛かったです」

このショッキングな女子生徒の街頭演説について、李さんは周囲の大人への憤りを述べた。

スタジオ収録から数日後、石井彰と編集担当の山本索ディレクターから連絡があった。激しいヘイト街宣の音声をそのまま流すことについての問い合わせであった。二人ともラジオの世界で長く仕事をしてきて、その楽しさも、そして放送業界の甘いも酸っぱいも、限界も熟知している。

「これまでの経験から言うと、「死ね」「殺せ」「出ていけ」というような露骨な差別音声を放送局は流そうとしません。もしかしたら、配信先の放送局から、このままではOAできないというクレームが出て来るかもしれませんよ」

というアドバイスであった。番組を制作している我われ「ラジオフォーラム」が、自己の責任においてどんな番組を作ろうが自由であり、何人の干渉も受けない。これは意思一致ができている。しかし、実際に番組を流すのは、配信先の放送局なのである。私は、正直、酷い言葉のオンパレードとはいえ、放送局は数分の現場の音声すら流すことは難しいのかと、驚いた。もちろん、山本ディレクターも石井も、反対しているわけではない。

「この「殺せ」「死ね」という音声を流すかどうかの判断は、編集する自分がすべきではないと思います。流した時の各局の反応やリスナーからの否定的な意見が寄せられる可能性があるということを踏まえて、この回の構成責任者の石丸さんが、どんな結果になってもこの音声を流すべきだと覚悟するなら、このまま流しましょう」

山本ディレクターはこう言ってくれた。こうして、おそらく地上波で初めて、ヘイトスピーチの生の音声が放送されることになったのだが、配信先の放送局やリスナーからは、「苦情」はまったくなかった。逆に「こんな薄汚い言葉を公然の場で演説する集団があるのかと驚いた」、という反応がいくつも寄せられた。

李さんとは、二か月後に放送を予定していた「全編ヘイト活動特集」の企画構成についてミーティングを重ねた。ゲストは、長くヘイト活動取材を続け、在特会を主なテーマに書いた『ネットと愛国』という著書のあるジャーナリストの安田浩一さんにお願いすることにした。後は、ラジオの強みの現場音の取材をどうするかだった。

まず、ヘイト活動の刃を向けられた被害者の傷について取材しようということになり、京都朝鮮初級学校に子供を通わせる親御さんにインタビューすることにした。そして目玉はヘイト活動側、ずばり桜井氏に切り込もうということになった。だが桜井氏は日本メディアの取材をなかなか受けようとしない。またインタビュー料としてお金を要求するケースもあった。安田さんは、ずっと桜井氏にインタビューを申し込んできたが断られ続けている。

石丸　「李さんが電話かけて取材を申し込んでも断られるだろうし、我われ関西に住んでいる人間が関東在住の桜井氏を張り込みするのも大変ですね」
李　「在特会のホームページに桜井氏が各地で集会や情宣に参加する予定を載せているので、そこに行って直撃しましょうか？」

それはいいと思った。アポなしではあるが、桜井氏が公然と登場する場に行って話を聞かせてくださいと、質問をぶつけるのである。いわば突撃取材だ。李さんは、「ラジオフォーラム」で橋下徹大阪市長の特別秘書の情実採用疑惑を取り上げた放送で、大阪市庁で行われる毎日のブラ下がり会見に出向いて質問を投じた経験があった。橋下氏は、突然李さんに「特別秘書問題」をぶつけられ、一瞬たじろいだ。彼女は度胸がいい。

「桜井氏の行動予定を調べたら、ゴールデンウィークに神戸で街宣を予定しているんですよ。そこに突撃かけてきますわ」

と、李さんは突撃取材にやる気満々だった。

「ヘイト活動特集」の放送は二〇一三年五月末に決まった。前回は、どれだけ酷い差別排外の言葉が公然と語られているかを伝えることをポイントにした。二回目は、在特会はじめ、ヘイト活動をやっているのはどんな人たちなのか、彼らがどのようにして「在日特権」の虚構を信じるに至ったのかを中心に展開することにした。

収録に向けて李さんが取材した素材は、アジアプレス大阪事務所で編集することになった。李さんは、ライターとしての日常の仕事もある上、中学三年生の息子さんがいて家事もしなければならない。パートナーは彼女の取材活動を応援してくれる方だとは聞いていたが、家のことをほったらかしにして編集に専念してもらうわけにはいかない。李さんが家でパソコン編集したものをメールで送ってもらい、音源の尺と内容を吟味しながらキャッチボールをした。

ところが収録の直前になって一つアクシデントが生じた。在特会らに押し掛けられた京都朝鮮初級学校に子供を通わせるお母さんが、李さんの取材をいったん受けたものの、番組で音声を流すのを止めてほしいと連絡してきたのだ。理由は、「怖い」からだった。仮に名前を匿名にしたとしても、ヘイトグループや、彼らと同調する人間がラジオを聞いて、嫌がらせや脅迫があったら……。親として、これ以上子供を怯えさせたくないということであった。

李さんと一緒に音声編集をしながら聞いたお母さんのコメントは、直接ヘイト活動の被害を受けた人の屈辱、恐怖、怒りが入り混じった「動揺」が滲み出ており、私の胸を刺すものだった。こんな酷いことが起こっているんですよと、第三者が俯瞰して解説するだけでは、実際に矛を向けられた人の気持ちはなかなか伝わらない。私は、李さんの音声取材の中で、「桜井氏突撃」と並んで訴える力の強い音だと思っていたのだが、ご本人の同意がなければ放送させてもらうわけにはいかない。

収録当日、マイクの前に座った李さんはガチガチに緊張していた。取材現場で橋下市長にも、桜井氏にも一歩も引かない肝の座った李さんが、私と向き合ったスタジオでは声がえらく小さい。見かねた大谷ディレクターが、マイクの前に李さんを座らせて「あーあー」と発声練習を指導すると少しリラックスしたようだった。もっとも、私も収録は何回やっても失敗ばかり。「えー、あー、うー」が多く、言葉を「噛む」こともしばしばなのだが。

二〇一三年五月五日、神戸三ノ宮駅前で在特会の桜井氏が演説に立った。李さんは真正面に陣取って音声取材に入った。前年末に大統領選で当選した韓国の朴槿恵《パク・グネ》氏が、日本の安倍晋三首相の歴史問題、竹島問題に対する姿勢を批判し、日韓関係はぎくしゃくし始めていた。桜井氏は朴大統領の安倍首相批判を引き合いに出して演説を始めた。

「これから先、一〇〇〇年間日本人を恨み続けると公言したのがパク・グネという女ですよ。どうやって仲良くできるんですか？　できるわけねえだろうよ。韓国とは国交断絶あるのみなんです。関係を断ち切る以外に方法がないんですよ。最初からね、朝鮮民族と日本人は分かり合えないんです（「そうだ」の声）。お互いのためにも、一日も早く国交を断絶し、そして彼らとの関係を断ち切ること、それがこの国にとって一番喫緊の課題だ」

桜井氏の演説は、飛躍と歪曲に満ちたものだった。朴大統領が三・一独立運動記念日に演説した関連部分は「（日本と韓国が）加害者と被害者という歴史的立場は、一〇〇〇年の歴史が流れても変わることはない」というものだった。

ちなみに、この演説に入る前、李さんの姿を見つけた桜井氏は「この朝鮮人のババア」と罵声を浴びせた。李さんが後に桜井氏を名誉毀損で告発する際に、この時の音声が証拠のひとつとして提出された。

演説後、李さんは桜井氏に駆け寄り、「在日特権」の虚構について質問しようとした。

李 「在日特権があるというのはでたらめですよね」

桜井 「入管特例法は特権じゃありません?」

李 「特権じゃないと思います」

桜井 「あのね、漢字で特別法と書くんですよ。特別法というのは特権のことを言うんですよ。あなたは日本人じゃないからわからないかも知れないけれど。漢字の勉強をしなさい。小学校からやり直して。以上、終わり」(以上、録音記録より)

特別法だから特権だというのは詭弁に過ぎない。桜井氏は木で鼻を括るような言い方で、質問にまともに答えようとせず、そそくさとその場を離れていったそうだ。

しかし、桜井氏と在特会は、なぜそこまで在日コリアンと韓国に敵意、憎悪を抱き、吐き出すのだろうか? また、ヘイト活動をしているのはどのような人たちなのだろうか? ありもしない「在日特権」なるものをどのようにして信じるに至ったのだろうか? 長年ヘイト活動を取材してきた安田さんは次のように番組の中で語った。

「在特会には中学生から七〇代まで幅広い層が参加しています。会員は一万三〇〇〇人いるとしています。不満の発散のための活動であり、生身の在日コリアンを知らないのに、ネット上でモンスター化した在日を過剰に恐れ、圧迫を受けていると考えて怒りを抱えている人が多い」

李さんはヘイト活動をしている人について、次のようなコメントを番組で披露した。

「自分の物語を持っていなくて探している人たち。差別することを自己表現だと勘違いしている」

丸ごと「ヘイト活動」を特集したこの放送には多くの反響があった。まずはクレーム。在特会のシンパと思われる人たちから、番組を公開したユーチューブのコメント欄には五〇件近い書き込みがあったが、その多くは安田さんと李さんへの誹謗中傷で、ありもしない「在日特権」を否定されたことに対する反発が書き連ねられた。「ラジオフォーラム」の連絡先をアジアプレスの事務所にしているため、電話も数多くかかってきた。そのほとんどに私が応対したが、かけなおすから名前と電話番号を教えてくださいと言うと「いえ、結構です」と切ってしまう人が大部分だった。一人で延々と韓国がいかに酷い国かを話し続ける女性がいたのには閉口した。彼女はその後もずっと「演説電話」をかけ続けてきている。

一方でもちろん、在特会の街宣に乗り込んで堂々と取材する李さんの勇気を称える声も、たくさん届けられた。

増殖を続けて来たヘイト活動に歯止めをかける画期的な動きが、二〇一三年から二〇一四年にかけていくつもあった。それは一つ目に、各地で「カウンター」と称する反ヘイト活動が大きな拡がりを見せたことだ。「カウンター」の活動は、おぞましい差別排外扇動に対する怒りをエネルギーとしつつも、諍いをせずに差別なく隣人と暮そうと訴えて共感をもたらし、繋がりがどんどん拡がった。今やヘイト街宣は、全国どこでも「カウンター」に包囲されるようになり、事実上、警察に保護される形で細々としかできなくなりつつある。参加人員も大幅に減った。

二つ目は、「京都朝鮮学校事件」で、在特会メンバーらの行動を裁判所が断罪したことだ。この事件を起こした活動家四人は刑事裁判でいずれも執行猶予付きの有罪判決を受け、民事裁判でも彼らが「抗議」と称したヘイト活動を違法として約一二〇〇万円の損害賠償と学校周辺での街宣禁止が確定した。ヘイト活動が違法行為となる一線を司法がはっきり示したことは、大きな歯止めとなるはずだ。

三つ目は、「ラジオフォーラム」に出演した李さんが在特会と元会長の桜井氏、インターネット上のヘイト書き込みのまとめサイト「保守速報」を二〇一四年八月に名誉毀損等で訴えたこと。裁判闘争は非常に負担が大きく、また更なる嫌がらせや脅しに晒されるかもしれない。そのリスクを背負ってでも闘うことを李さんは決心したわけだ。ヘイト活動が、例え言葉だけ、ネットの中だけで展開されたとしても、名誉を毀損し侮辱したと訴えられる類の行為であることを、「やられた側」が身をもってヘイト活動家たちに突き付けたのであった(李さんの訴訟はヘイト活動の被害者個人が損害賠償を求めた初めてのケースである)。

四つ目は、政治の場でヘイト活動の規制についての議論が始まり、「人種差別禁止立法」制定を目指した動きが始まったことだ。民主党の参院議員の有田芳生さんが精力的に法規制を訴えて、国会内には超党派の議員連盟ができた。弁護士や学者のグループも周知・啓蒙に積極的に動き始めた。二〇一四年八月に国連の人種差別撤廃委員会が、日本政府に対してヘイトスピーチへの毅然とした対処を求めたこともあり、遅まきながら政治と行政がヘイト活動に向き合うことになったのだ(本章末の資料参照)。

さて、ではジャーナリズムはどうだろうか?

残念ながら、これまでの動きは鈍かったと言わざるを得ない。大手出版社が発行する週刊誌、月刊誌で嫌韓・嫌中をウリにする特集が繰り返し掲載され、同種の単行本が書店に平積みの山がいくつもできるなど、むしろメディアがヘイト活動を下支えするような異様な状態が続いている。もちろん、外国政府の政策を批判したり、隠された暗部を取材して抉り出したりするのは、ジャーナリズムの重要な役割の一つである。しかし、「媚中」「売国」「愚韓」などの侮蔑的、扇動的なタイトルを競うように付けて韓国叩き、中国叩きそのものを「商品化」しているとしか思えない書籍や雑誌が大量に刊行され続けているのは、メディアの相当な劣化を表しているというしかない。

ナショナリズムと排外主義は、古今東西多くの国で政治家とメディアが煽り主導してきた歴史がある。戦前の日本もそうであった。ナショナリズムが加熱したとき、主張が過激であればあるほど、また一見勇ましいものであればあるほど、瞬間的に強い支持を得ることがある。逆に、それを諫めようとしたり、穏健な意見を述べる者には、日和見、軟弱、弱腰などの批判が加えられる傾向が出て来る。

冒頭で私は、中国でCCTVニュースを見てショックを受けたと書いた。それは、情報が国の垣根を越えてすぐに行き交う時代にあることを認識させられたからだ。過激なナショナリズムや他民族排斥の動きの高まりだって、いとも簡単に、そして短時間に国境を越えて伝わるのだ。それは互いに連鎖して擦れあい、不信と反発の火花が散ることに繋がるかもしれない。日韓中の三国は、この一〇年、多くの人が行き交い、他郷に生活の場を持つようになった。人が交わる機会が増えることは互いに対する理解が深まる半面、摩擦面も広がる。隣国の人が同じ社会に住んでいることを知りいたわる意識が社会から希薄になると、侮りと軽視、蔑視の感情が生まれるものだ。それが争いにまで至ることがあるのは、欧州における移民排斥の事例など、世界には枚挙に暇がない。争いは時に殺し合いという悲劇を招くこともあるのだということを、私たちは歴史の教訓から知っておかなければならない。

民族主義、排外主義が拡散して、火花が散り小さな炎が上がるような局面になった時、ジャーナリズムがやるべき仕事は何か、それを鎮めるため「火消し」になることだと、私は考えている。「ラジオフォーラム」は小さな番組だけれども、「火消し」の役割を担うことを意識して制作を続けていきたい。

資料
〈二〇一四年八月の国連人種差別撤廃委員会による日本政府へのヘイトスピーチを巡る勧告の骨子〉
- (ヘイトスピーチを取り締まるために)法改正に向けた適切な措置をとる。

・デモの際に公然と行われる人種差別などに対して毅然とした対処をおこなう。
・ネットを含めたメディア上でのヘイトスピーチをなくすために適切な措置をとる。
・そうした行為に責任がある個人や組織について捜査し適切と判断される場合は訴追も辞さない。
・ヘイトスピーチなどをあおる官僚や政治家に適切な制裁を実行する。
・ヘイトスピーチの根底にある問題に取り組み、他の国や人種、民族への理解や友情を醸成する教育などを促進する。

8

福島第一原発を報道し続ける意味

今西憲之

「だまされた」

空爆にでもあったかのように、めちゃめちゃに破壊された、巨大な建物を目の当たりにした瞬間、私はそう感じた。それまでのマスコミ報道、政府や東京電力の発表とまったく違うものが、そこにはあった。東日本大震災で津波に襲われ、爆発した、福島第一原発。私は、その現場に立った。

政府や東京電力の「大本営発表」、人類が経験する最大規模の原発事故に腰が引けるマスメディア。現場に行かなければ、真実はわからないと、痛感するばかりだった。

二〇一一年三月一一日午後二時四六分、東日本大震災。ちょうど、私は東京・新橋駅近くのホテルで取材中、地震に遭遇した。あまりに長く揺れが続く。大きなロビーのシャンデリアが今にも落下するのではと危険を感じるほど強く揺れた。

ロビーから玄関に出ると、何十メートルもあるような鉄塔が、左右にたわんでいた。

「こんな都心に、誰がこんな鉄塔を立てたんや。とんでもないな」

と思った。その鉄塔の主が、東京電力であることを知るのは、かなり先のことだった。

私は震災の翌日、津波被害に見舞われた宮城県に入った。津波で流されたガレキが大きな通りを埋め尽くす。電気はなく真っ暗で、製油所の火災で燃える炎だけが周囲を照らす、異様な光景だった。深夜、取材が終わり、ようやく仙台市の中心街に戻ると、突然、携帯電話が何度も鳴り響く。津波被害によって携帯電話がつながらなかったためだ。留守番電話には、一〇件を超える伝言が残っていた。

「仙台から南にはいかないようにしてください」

「原発が爆発しています。十分、注意しながら取材するように」

そんなメッセージが相次いで聞こえてきた。つながった電話では、

「宮城よな、仙台やな。福島には行ってないな」

と何度も居場所を尋ねてきた。この時はじめて、福島第一原発が爆発した大事故のことを知った。だが、そのころは、目の前の津波被害の取材で必死。原発事故の取材にかかわることなど、まったく頭になかった。

ようやく原発事故が大変なことになっていると気が付いたのは、宮城県の取材を片付けて、一度、

大阪に戻った時だった。

私の記者としてのポリシーは「現場が一番」。三月下旬から、福島に入り始めた。郡山市には、数多くの原発避難者が押し寄せていた。避難所となった巨大な多目的ホールの床は、段ボールと毛布で埋め尽くされ、足の踏み場もない。原発事故で、有無を言わせず、いきなり故郷を追われた人々が、文句を言う場所も機会も相手もなく、不安な表情を浮かべ、日々、過ごしていた。

政府は、事故を起こした福島第一原発から半径二〇キロメートル圏内を警戒区域として、住民は避難を余儀なくされた。だが、原発事故の報道は、ほとんどが東京電力と政府から発表されるものばかり。マスメディアも、それをたれ流すばかり。

「本当にどうなっているのか、わかんねぇべさ」

と避難民の女性はあきらめたように、そう嘆くしかなかった。

誰もが何を信じればいいのか、まったくわからない状況が続いていた。

そんな時、ホールの外、寒空の下で洗濯していた、まっちゃんという四〇歳前の男性と親しくなった。

「地元はどちらですか?」

「富岡町だっぺ」

「大変なことで、しばらくは帰れない?」

「行ってみるとわかるが、原発の爆発、飛び散った放射能で、人が住めるようなところでは、ねぇ〜べぇ〜」

「行ってみると?」

「おらさ、毎日、行ってるよ。イチエフ(福島第一原発)さ行って、仕事さしてっから」

「原発ですか? すごいですね」

「イチエフ、とんでもねぇことになっているよ。テレビなんかでやってるのは、ぜんぜんウソ。ほんと、おったまげた」

この言葉を聞いて、マスメディアで報じられていることに、より大きな疑問を持つようになった。

さらに、まっちゃんは警戒区域で立入り禁止になっている地域を通過して、原発に通うという。

「境界に、おまわりさんさ、立ってて、一応、ストップされるけど、自己責任で行きたきゃしょうがねぇな、どうぞって」

当時は、政府が線引きした警戒区域への立ち入り禁止には、強制力はなかった(後に法律で禁じられる)。マスコミの中には、原発どころか警戒区域に近づくことすら危険、即座に被ばくするという空気があった。事実、私が仕事をしているメディアでも、連日、居場所を確認され「大丈夫ですね」という念押しが繰り返されていた。

だが、まっちゃんの言葉を聞いてから、私は心底思った。

「原発をこの目で見たい」

そして私は警戒区域通いをはじめたのだった。

福島県郡山市から田村市を進み、警戒区域に入り、原発のある双葉郡双葉町、大熊町を目指したのは、三月末だった。途中、すれ違う車もほとんどない。トンネルは地震の影響か、電気もなく真っ暗。もちろん、どこも無人。

「ここはいったいどこだ。日本にこんな場所が本当にあるのか」

信じられない思いだった。

ようやく到着した、イチエフの立地する大熊町。

地震の影響で、道路が陥没、家屋の塀が倒壊するなど被害は見られた。だが、震災直後に入った宮城県の津波被害からすれば、雲泥の差である。住宅街に入ると、玄関が開けっ放しで、洗濯ものが干してある家があった。ひょっとして、誰かいるのかと声を掛けたが、まったく応答はない。後日、偶然、この家の人と会う機会があったが、すぐに逃げろというので着の身着のまま、カギすらかけずに逃げたと話していた。

何軒かの家や商店を訪ねるが、もちろん不在。聞こえるのは、鳥のさえずり、犬の鳴き声。稀に通過する、原発に向かう車。それだけだ。この異様な静寂、いったい、どうなっているのか？　町は完全に死んでいた。

当初、原発は敷地外からでも簡単に見ることができると思っていた。だが、それはなかなかかなわない。ようやく、双葉町の海に面した防波堤から原発が見えると知ったのは警戒区域に入って三日目だった。

地震と津波で崩れ落ちた防波堤を進み、原発から直線距離で三〇〇メートルほどの小高い丘に立つと、遠くに原子炉建屋が見え、場内では何か放送が流れているのが聞こえてくる。かなり遠いが直接、原発を見ることができた。だが、詳細はまったくわからない。

原発の見える防波堤には、何度も通った。原発は手の届く場所にある。しかし、

「ほんまもんの原発をダイレクトで見ないとアカン、書けない」

と、フラストレーションがたまるばかりだった。

この頃、原発取材の現場は東京電力の記者会見場であり、政府官邸だった。どのマスメディアも、原発に行くことなど頭にはないように見えた。実際、各社とも現場には取材に行かず、避難者らに聞いたことばかり報道していた。

「警戒区域に行ってきた」

と私が同業者に言うだけで、

「大丈夫か?」

「被ばくしなかった?」

と声を掛けられた。

現場に行き、見て、感じたことを書く。これが、ジャーナリズムの基本であるのは、当たり前のこと。それが、原発事故ではまったくないがしろにされている。これは非常に危険である。

原発の収束作業の基地となっているJヴィレッジ(福島県楢葉町)から毎日、一〇〇〇人を超す作業員が原発に向かい、夕方には全員戻ってくる。それを私は目の当たりにしていた。仲良くなった作業員は、

「装備さえきちんとすれば、大丈夫。そうでなきゃ、収束作業できないよ」

と話す。確かにそうである。

そして、東京電力や政府の発表が事実と違うことが多いことも、次第にわかってきた。Jヴィレッジでは、原発の敷地内の放射線量を示すサーベイマップを貼り出していた。親しくなった作業員がそれを手に、

「これ見てください。発表とずいぶん、違いますよ」

そこには、とんでもない数字が並んでいた。九〇〇ミリシーベルトという「ガラ」と呼ばれるコンクリート片があるという。当時、東京電力もサーベイマップを公開していたが、ここまで詳細には出ていなかった。放射線量の高い数値は隠ぺいしているのではないのかと思うような公表の方法だった。

即座に私はサーベイマップを記事にすることを決断。それは、『週刊朝日』二〇一一年五月五・一三日号で大きく掲載された。

「こんなもの序の口。原発の現場を見ればもっと、首をかしげることがたくさんありますよ」

私は、その後もまったく公開されていない写真、資料を次々と入手しては記事を書いた。だが、それは人の手を経て得た資料ばかり。自分を事故の現場に置いて、記事を書きたい。なんとか、原発に行けないだろうか――そんな思いが募った。

原発事故から一か月が経過した四月のある日。東京電力の社員でもある福島第一原発の幹部(以下、X氏とする)と私は向き合っていた。

「マスコミは本当のことを書かない。これは、イカン。そして、東京電力も政府も本当のことを発表しない。もっとイカン。腰が引けたマスメディア。原発の中を取材して、本当のことを書こうというメディアはないのか」

そのX氏は、私の前でマスメディアへの不満をぶちまけた。そして、

「あなた、原発の中に行かないか」

即座に返事をした。

「行きますよ。願ってもないですわ。よろしゅうにたのんますわ」

すると、X氏は、

「ええ、本当ですか？　いいんですか」

とちょっと困惑したように言う。

「原発がまた爆発して命失っても、恨みませんわ。連れてってくださいな」

そうプッシュすると、

「今西さんの関西弁には負けました。何があっても自己責任ですよ。二日後にお会いしましょう」

二日後、極秘で打ち合わせた待ち合わせ場所にX氏は部下を連れてやってきた。

「本当に行きます？　引き返してもかまわないですよ」

とX氏は心配そうに言う。

「もちろん行きまっせ」

私は大きな声でそう言った。

警戒区域に入り、車を止め、原発に入るべく、防護服、全面マスクなど装備に身を固めた。放射能を取り込まないように、全面マスクをきつく締め付ける。顔が押しつぶされそうなほど、痛い。だが、原発が目の前にあると思えば、泣きごとは言ってはいられない。十分な装備を整えてもらい、福島第一原発のゲートをくぐった。晴れた日の午後だった。

吹っ飛んだ原発の前に立った。

冒頭で書いたように、これまでテレビで見たものとはまったく違う。こんなでかい、頑丈そうな分厚い壁に覆われた原子炉建屋が、爆弾でも投下されたように、木っ端みじんに破壊されている。周囲には、二、三メートルはありそうな巨大なコンクリート片や鉄骨が散乱。工事用の重機や車が津波と爆発でひっくり返ったままである。すさまじい迫力だ。

私を導いてくれたX氏は、マスク越しで聞こえにくい中、

「こんな危険な場所を承知で、あえて見てもらいたい、見て書いてほしいと言った意味がわかっていただけたはずです」

私は大きくうなずくばかりだった。

その後、私はX氏にお願いして、何度も現場に行った。原発の敷地はあまりに大きい。一度や二度、見ただけで、状況を把握するのは難しい。そして、現場の状況は日々かわる。継続的に、時には夜の作業も見せてもらいながら、変化してゆく現場をしっかりとリポートしたいと思った。

春から梅雨、夏へと季節がかわる。

その後も、週に一、二度くらいのペースで福島第一原発に通った。マスコミでは全く報道されていない現場を何度も繰り返してこの目で見て、取材・撮影を続けた。真実がほとんどきちんと報じられていない感じがした。X氏からも多くの情報、データを提供してもらった。中には、東京電力や政府が発表しているデータや写真と明らかに違ったものもある。その疑問をX氏にぶつけると、

「その通りです。東京電力の本店は事故が小さかったように見せることで必死。本当の原発の様子を知られないことが仕事です。写真もひどいと思われるところを切り取り、修正している。本店は、福島第一原発という子会社、別会社が今回の事故を起こしてしまった、自分たちは関係ないぞとでも言いたいような空気があります。「イチエフ、なにやってんだ」「こんなことになっちまったのは、イチエフがしっかりしていないせいだ」という声も聞こえる。相談なしにいきなり収束の工程表がきて、

この日程でやれとかめちゃくちゃ。これ以上ないほど危険な現場で、みんな必死で頑張っている。見たまま、感じたままを報じてほしいのです」

六月から七月になり、何度か独自で撮影した写真や記事を『週刊朝日』誌面でリポートし始めた。「東京電力が提供していない写真を『週刊朝日』が使っている。けしからん」と東京電力のみならず、同業のマスコミが怒っているという情報が入ってきた。

私は自分の目で見て、撮影して、感じたことをリポートしただけだ。本当の原発の現場である。なぜ、そこに同業のマスコミからクレームが来るのか。マスコミが電力会社、原子力ムラと一体になっている、これでは原発の客観報道はできないと感じた。

何度も通ううちに、原発の現場の姿がある程度、理解できてきた。私はX氏に「見て、感じたままの原発ルポをこれまでの集大成で書いてもかまわないか」と打診した。

「一部、核防護、守秘義務の観点でご容赦いただきたいところはあるが、本当の生の原発の姿を好きなように書いてください」

そこで私は、『週刊朝日』二〇一一年九月一六日号で、

「福島第一原発完全ルポ　原子炉建屋の中は木っ端みじんだった」

ノンフィクションメディア『g2』(講談社発行)では、

「世界で一番危険な福島第一原発原子炉建屋をこの目でみた」

という特集記事を執筆。これまで、東京電力と政府の大本営発表に頼るばかりだった中で、大きな反響をいただいた。

「よく、書いてくれた」

「これこそ、ジャーナリストの仕事だ」

多くは好意的だった。だが、大手のマスコミ他社からは、相変わらずの反撃も食らった。

「勝手に一人で原発に行って、何がスクープなんだ」

「東京電力の許可はあったのか」

「どこのマスコミも原発から二〇キロ圏内の警戒区域に入るにも、許可が必要だ。原発の中で事故にあったらどうする」

ある大手新聞社の記者はこうも言った。

「記者クラブで、福島第一原発の現場の取材を申し込んでいる。今は危ないから、安全になれば、と調整をしてもらっている。あんたに勝手なことをされたら、記者クラブで行く取材がダメになる」

そこで、私はこう反論した。

「ということは、今までまったく現場を見ず、足を運ばずに記事を書いていたということやね。それ、読者への背信やとワシは思うけどな」

すると、その記者は、

「記者クラブでやっているのだから、みんなで歩調を合わせる、横並びは大切なんだよ。抜け駆けするな。東京電力や政府も怒っているんだ」

と憤慨しながら話す。

「横並びで読者を納得させる、喜ぶ記事が書けるんかいな。横並びを読者が求めてますのんか。現場に行ってへんのに、さも行ったんやないかと思わせて書く。東京電力や政府に配慮した記事を書く。それではアカンで」

政官財だけでなく、マスコミまでもが原子力ムラと一体となる姿を、この時実感した。

私の原発ルポは、政府の中でも問題になっていたという。だが、その反応はマスコミ他社とは正反対だった。政府と東京電力などが合同で行っている全体会議があるが、その二〇一一年九月六日の会議録。福島第一原発の吉田昌郎所長(当時・故人)は次のように語っていた。

「『週刊朝日』の記事について、内容は極端な話を言えば間違っていないと自分は思っている」

「こんな記事がニュースになっているのか、プレスに現場を公開しないからであると数か月前から私は思っている。被ばくを気にしないのなら、プレスに公開すれば良いではないかと考えている」

先の記者と吉田所長、どちらの考えがまともなのか、よくわかっていただけると思う。

私が原発ルポを発表してから二か月ほどして、ようやく、記者クラブなどを対象として福島第一原発が公開された。だが、公開前に「マスコミが来るからきれいにしろと言われて、掃除ばかりで大変です」と何人もの作業員たちが、私に情報をくれた。舞台装置をお膳立てしてマスコミに公開、見てほしいところだけを案内する。それでは、本当の原発の現場はわからない。ただの「ツアー」だ。

そういう中、原発の現場を何のフィルターも、思惑もなく、伝え続けようとしたのが、MBSラジオの「たね蒔きジャーナル」であった。MBSラジオは大阪の放送局。私も昔、深夜番組によく出演させていただいた。知人、友人も数多くいる。

私は原発の現場の取材のため、福島県いわき市のホテルに長期で滞在し、毎晩のように東京電力の関係者や原発の作業員たちと酒を酌み交わしていた。そんな中、「たね蒔きジャーナル」の時間が来ると、

「はじまるぞ」

と、みんなでインターネットラジオの音声に耳を傾ける。原発の現場にいる人間までもが、水野晶子アナウンサーと京都大学原子炉実験所・小出裕章助教の話に聞き入った。

「現場は番組で言っている通りなのに、東京電力や政府の対応はどこを見ているのか」

「やっぱり、現実を見たくない、隠しておきたいんだよ」

そんな会話を何度も耳にした。そして、東京電力の社員の一人はこうも言った。

「『たね蒔きジャーナル』聞いていたら、だいたいのことわかりますね」

遠く福島でこれだけのリスナーに支持されるとは、「たね蒔きジャーナル」恐るべしであった。

批判、賛辞、多々ある中、その後も私は原発の現場の取材を続けた。

現場こそ、基本だ。

読者が求めるのは、現場の生の情報、真の情報。それに応えるのが記者の仕事、マスコミの役目と、私は信じて疑わない。

「たね蒔きジャーナル」が消え、「ラジオフォーラム」が生まれた。「たね蒔きジャーナル」が伝え続けようとした、現場の生の情報、真の情報。それを受け継いで、伝えていきたいと思う。

9

〈対談〉本当のことを知りたい！

――ラジオ報道番組に何を求めるか

小出裕章×木内みどり
司会＝今西憲之

全国に広がった「たね蒔きジャーナル」

――木内さんは「たね蒔きジャーナル」で、小出さんのお話しをお聞きになっていたそうですね。

木内　はい、震災後の四月上旬に初めて聴いて、それからはずーーーっと、今も毎日のように聴いています。

あの頃は、どのテレビを見ても、「安全です、ただちに危険はありません」ばかりで、原発事故の真実がちっとも分からないので、だんだん見なくなっていきました。「本当のことを知りたい」と、ネットで検索しているうち、「たね蒔きジャーナル」にたどりつきました。小出さんのお話しを聞くうちに「ああ、ここに真実がある」と思って、それからは聴かずにはいられなくなりました。番組をｉＰｈｏｎｅに入れて繰り返し繰り返し聴いていたので、小出さんが講演でなさる原子炉の基本の説明は、真似を出来るくらいです(笑)。

小出　のけぞってしまいました(笑)。

木内　事故から三年半が過ぎたいま、当時の放送を聴き返してみると、小出さんの声が実に悲しそうなんです。あの時期は、お疲れになっていたのでしょうね。

小出　はじめの一か月間は、ほとんど寝る時間がなかったです。連日マスコミが取材に来ましたし、電話取材も、実験所だけではなく家にまでかかってくることもあって、寝ていると起こされたりもしました。そんな日々で、五キロ痩せました。

マスコミの取材というのは、私の話を一時間録っていっても、まったく放送にのらないこともあるわけだし、仮に流れても三〇秒とか、もともとそういうものです。福島の事故が起きてからは情報が混乱していましたから、彼らも私の意見を聞きたいと思ったのかもしれませんが、実際はマスコミではほとんど流れませんでした。

そんな中、「たね蒔きジャーナル」が私の発言を流してくれるというのは、私にとっては衝撃的なことでしたし、たいへん有難いことだったと思います。確か、お引き受けしたのは三月一四日でした。あまりに悲しい出来事が進行していたわけで、口を開くのもいやだったけれど、話すべき事は沢山ある。それで出演をお受けしました。番組スタッフが非常に優秀でしたし、私もしっかり事実を知らせなくてはいけないと思いました。

やがて、全国の人たちが聴いていると知り、「いったいどうなっているんだろう」と驚かされました。ラジオを録音した人が広めたり、インターネット上で聴いたり、番組の内容の書き起こしをする人が現れたり、あり得ない広まり方をしていた。ひたすら有難いことだと思いました。

――原発事故を機に、広く小出さんの意見も聞いてみようとする人たちが一気に増えましたね。

小出　以前から、原子力発電所はいつか事故を起こすだろうと、私は発言を続けて来た。原子力を推進してきた人たち、マスコミもですけれど、「原発はとてもいいもので安全だ」としか言わないできたわけです。ちっとも嬉しくはないけれども、事故が起きたことで、どちらが正しいかはっきりした、と思います。私の発言を無視できなくなった。だからこそ報道に箍《たが》をはめる必要があり、「たね蒔きジャーナル」もつぶされたんだろうと思います。

木内　放送を聞いていて、小出さんのおっしゃることは全部たいせつに思いました。「サプレッションチェンバー(圧力抑制室)」とか「格納容器」とか聞いたことのない用語ばかりでしたが(笑)、それを理解しないとどういう事故なのかわからないので、ｉＰｈｏｎｅに入れた番組を繰り返し聴いて、ひとつひとつ覚えました。たまたま小出さんの講演会の資料を手に入れたので、それを見ながら放送を聞いたりもしていました。

小出　そうですか(笑)。

木内　原発の機械は複雑ではあるけれど、〝湯沸かし装置〟だと考えればわかりやすいですよね。私たちは「原子力発電所の構造は難しいから、素人はそこまで知らなくていい、分からなくていいんだ」と、洗脳され続けてきたんだと思います。

――木内さんにとって小出さんはどういう存在でしょうか?

木内　地球上でとっても大切な方です。

小出　ありがとうございます(笑)。

木内　こうしてお会いできて、お話しができてほんとにうれしいです。

小出　「たね蒔きジャーナル」はローカル放送ですから大阪地域の人しか聴けないはずなのに、なんで関東や北海道の人も聴いているんだろう？　と不思議に思いましたが、インターネットで音声や文字起こしが流れているということが分かって、「ああ、そういう流しかたもあるんだな」と思いました。

　これまでは情報発信というのは、権力側が握っていたわけですよね。でもインターネットという道具が出来て、一人一人がやる気さえあれば世界に向けて発信できるようになったわけです。そういう時代になったことは感慨深いことでした。

　ただ、インターネットというのは大変危険な道具だと、私は思います。権力というものは、常に個人を監視しているわけです。インターネット情報を監視すれば、個人情報を含めて人間のつながりを一網打尽に捉えられる。有難いと思うと同時に、注意しないといけないと思うようになりました。

木内　私は、危険と同じくらい素晴らしい面もあると思っています。インターネットの出現によって、権威というものがガラガラとくずれたと思うんです。いままであり得なかったことが実現していく。知らない国の知らない人ともつながれて、お互い思いや情報を共有できることは素晴らしいことだと思います。

いままでは紹介状を持って約束をとりつけて会いに行かなきゃいけなかった人とも、メールを書いて、もし相手が気に入ってくれたらお返事がもらえる。コミュニケーションが可能になる。世界中の人と繫がれるのは素晴らしいと思います。

怖がらず恥ずかしがらず、発言しよう!

小出　事故から三年半たちましたが、改めて原子力の事故というものは、過酷なんだなと思いました。何年も現場に行かれないことは事故直後から予想していました。こんな事故は原子力以外には絶対におきないのです。一般的な事故なら、何日か後には現場に入って調査し、機械を直すことも出来るかもしれない。でも、原子力の事故では、いまもなお現場の状況を知ることすらできないのです。

木内　最近は、原発事故の報道が減ってると思います。私、テレビの画面に小さな窓を設けて福島第一原発の状況を二四時間流してほしいって、テレビ局の人に頼んだことがあるんですね。事実・真実を見たら、誰もが自分のこととして捉えられるんじゃないかって。

――政府がケーブルテレビのチャンネルを二四時間買って、一号機から四号機までの様子をそのまま流したらいいですよね。

小出 ほんとうは、それをやらなきゃいけないんです。政府が福島第一原発の安全性を認めて動かしたのに、事故が起きてしまった。にもかかわらず、彼らは誰も処罰されないばかりか、さらに原子力を進めると言っているわけです。彼らにとっては事故を忘れさせてしまうことが一番重要なことなのです。私は木内さんの提案をその通りだと思うけれど、政府はぜったいそんなことはしないし、今あるチャンネルからも事故を消してしまおうとしているわけです。

たとえば無人になってしまった双葉町、大熊町……人が住んでいた町が無くなってしまっていることだってすごく大切なことだけれども、どこも報道してくれない。みどりさん、このまえ双葉町に行ってネットで様子を流してくださいましたね。行った人たちがネットに書きこんでくれるから、かろうじて悲惨な様子が伝わるわけです。でも国やマスコミは、けっして流さない。

木内 みんな、自分の家族や親戚、知り合いに当事者がいないと、なるべくなら「見なかったこと」「知らなかったこと」にしたいんですよね。でも、東日本大震災であれだけの人たちが被災し苦労しているのに、東京で今まで通り電気をたくさん使っているのでは、申し訳ないと思います。

私、ちょっと過激になっていまして(笑)。先日、ある円卓会議で司会をやったんです。有名なＣＭプランナーやディレクターさんが多くいらしたので、ここで言わなきゃ女がすたると思って、「原発事故前と後で明らかに世界は変わったんだから、皆さんも頭をチェンジしてほしい。みなさんが変わればきっと世の中も変わるはず」と言ったんです。そしたら、場がシラッとしてしまった(笑)。「木内さんの発言は女優さんとしてではなく、ソーシャルデザイナーとしての発言ですね」って言われたので、「じゃあ、いまからソーシャルデザイナーになります」って宣言して(笑)。

でも総括の場で、ある参加者が「原発事故があって以降、僕らも変わらなくてはならない」と発言したんですよ。となりにいた夫の水野(誠一)に「あなたの爆弾が効いたね！」って言われて、すごく嬉しかった。言ってよかったと思って。

小出　みどりさんが爆弾を投げて、それが水野さんが評価するくらいに参加者が受け止めてくださったのは、素晴らしいことですね。

木内　みなさん、心の中に原発や福島のことを入れておいてくださいって言いたい。怖がらず恥ずかしがらず、言えばきっと分かってもらえる。そうやって、一人ひとりが変わって行けばいいんだと思うんです。

「まず電気、消しましょうよ」と言いたい。誰も入っていないトイレの便座が温かいって無駄でしょ(笑)。

強いものには従わない、長いものに巻かれない

小出　私も自分で決めたことは、決めた通りにやりたいと思って生きてきましたけれども、多くの人はそうではない。少なくとも日本では、長いものに巻かれる、強いものに従うという歴史がずーっと続いてきたと思うんですよね。意識的な人がいたとしても周りから浮いてしまって、社会全体は動か

なかった。みどりさんが確たる信念で動いて、爆弾を投げて、それで動く人が出てほしいと私は思います。具体的に形になって現れてくることを、私は願います。強いものには従わない、長いものには巻かれない、という姿勢を続けて行きたいと私は思います。

――小出さんは、いままで長いものに巻かれろという圧力を受けたことはありましたか?

小出 私に関してはなんにもないのです。たとえば原子力研究の場で生きようと思えば、研究費がほしい人は、電力会社などからもらってくるわけですね。そうなれば原子力推進の旗を振るということになるし、出世したいと思えば、国家や電力会社、原子力産業に媚を売らなくてはならないわけです。そういう構造が既に存在しているわけです。

でも、そんなもの知らないと言ってしまえば、圧力をかけようもないわけです。だから、私は圧力をかけられたことは一度もありません。

でもね、木内さんのような女優さんのほうが、むしろ「政治的な発言をしてはいけない」というような「縛り」がたくさんあったのではないですか?

木内 そうですね。政治に関して意見を持ったり発言することは、どの女優さんもされていなかったと思います。でも、沢村貞子さんとお仕事をご一緒した時、とても感銘を受けて、ご著書はほとんど読みました。彼女は治安維持法で一年八か月も収監されていたんです。「私が悪うございました」って言えば数日で出られたのを、言わないがために一年八か月にもなった。その精神の気高さにしびれちゃったんです。でもマスコミでは、沢村貞子さんのそういう面を全く報道しないですよね。

私、小さい時からへそ曲がりで(笑)。「前へならえ」っていわれると頭にきちゃう、そういう子どもだったんです。母もそれを怒らなかったから。

小出 すてきな子どもですね。

木内 私、政治のことをわかっているとは言えないけど、ただ、原発だけは、本能的に怖いんだもん、嫌なんだもん、と思う。吉永小百合さん、加賀まり子さんも発言されていますし、さらりと言ってしまえば、言えちゃうと思うんですよね。

——小出さんのご家族は、反原発を主張されてきたことに何かおっしゃいますか?

小出 両親は私を育てた人間ですから、私が一度自分で決めてこうだと言ったら、何を言ってもどうせ駄目だとわかっているんです。

木内 お小さいころからそういうお子さんだったんですか?

小出 はい、みどりさんもそうだったらしいですね(笑)。

私、いわゆるいい子だったんですよ。中学高校の頃は、親の言うことよく聞くし、母親の買い物について行って荷物もったり。学校だって一日も休まなかったんですよ。でも高校出る頃には、一人の人間として生きたいと思うようになって、親からはやく離れたいと思っていました。また、東京だけには居たくないと思ったんです。私の育った上野・浅草はいい町だったんです。私、好きだったんです。それが東京オリンピックを機にコンクリートで埋め尽くされて、道路が車で溢れて。こんな町はまっぴらごめんだと思いました。

木内 やっぱりへそ曲がりなんですね(笑)。

小出 みどりさんと一緒ですね(笑)。

つれあいは完璧に私のことを分かってくれているので、いっさい文句は言いませんでした。出世なんかけっして望みませんでしたし、金がないのは当たり前と了解してくれて今日まで来ています。子どもたちについては、私は、子育ては他の誰にも負けないほど、きちっとやったという自信があるのです。おしめも取り換えるし洗うし、保育所に送っていく、飯は食わせるわ……できなかったのはおっぱいが出なかったことだけです。

子どもが求める物はすべて調達して与えました。子どもたちは裕福な家だと思っていたけれど、あるとき気が付いたんだそうです。「小さい時は、うちは金持ちだと思っていたけど、実は貧乏だったんだ」って(笑)。彼らも物心ついてからは、たぶん分かってくれていると思います、私のやっていることを。

木内 事故後、世界中の人たちが小出さんを見つめ続け、追いかけ続けて、発言を聞くようになって……。小出さんの人生は、事故前と後で激変しましたか?

小出 全然変わっていません(笑)。私の中では、何も。ただ、東京駅のホームに立っていたら「小出さん!」とか話しかけられたりするようになりました(笑)。

ジャーナリズムのあるべき姿とは

木内　「ラジオフォーラム」は、「たね蒔きジャーナル」存続運動から生まれたんですよね？

——そうです。もともと小出さんの声をどう届けるか、ということからスタートしたわけです。事故当時は、小出さんなら原発事故の様子を二四時間解説が出来たと思いますよ。もし、すべての数値、データが開示されていれば、いまでも毎日、放送できると思います。

小出　みなさん学者って清廉潔白でエライ人たちの集まりだと思われるかもしれないけれど、そんなことないんですよ。普通の人間だし、サラリーマンでしょ。むしろ上昇志向の強い人たちが多いですよね。「末は博士か大臣か」って言うくらい、出世階段を上って行きたい人が多いわけです。

木内　テレビに出ていた〝専門家〟とかは、あれだけ「原発は安全だ」とか「事故なんてありえない」とか言ってたけれど、実際に事故が起きたじゃないですか。言ってたこと全部が間違いだったのに、恥ずかしくないんでしょうか、ほんとうに！　マスコミが真実を伝えてくれる日は来るんでしょうか？

小出　日本のマスコミが本当のことを伝えたことは歴史的になかったのです。常に権力にすりよっておもねることによって生き延びて来た。

福島の事故が起きてから、日本国内だけでなく、外国のジャーナリストもたくさん取材に来てくださった。彼らが私にかならず聴くことがいくつかあるんですけど、その一つが「なんで日本のマスコミは、政府や東電の発表しか流さないのか」です。私は「日本という国ではかつての戦争の時も、マスコミは大本営発表しか流さなかった。それがいま原子力の場でも続いているんだ」と答えました。でも彼らは「権力の暴走を監視して、真実を伝えるのがジャーナリズムだ」と思っているので、私がいくら「日本ではこうなんだ」と言っても信じてくれない。おかしいなあという顔をして帰って行くんですよね。

日本のマスコミには期待していませんが、「ラジオフォーラム」の放送に携わる人たちがいてくれたことが私の希望です。

木内　私はずっとテレビ業界で仕事をしてきましたが、近頃、テレビが嫌いです。テレビって中毒になるじゃないですか。見ていると、放送されていることの全てがいいことのように刷りこまれるんですよね。だけど番組には必ずスポンサーが付いているから、都合の悪いことを言う訳ない。

時にはテレビを消して、静かな夜を過ごしたり、誰かと喋ったり、本を読んだり、自分で考えたり感じたりするうちに、自分の時間が始まっていく。自分の目に映ったものがきちんと見えて来て、自分の考えで話が出来るようになる……。ぜひやってみてほしいと思います。

――事故が起きても、マスコミも原子力ムラも変わらないですね。変わろうという発想はないんでしょうか？

小出　変わる気はないんです。かつての戦争を誰も止められなかったように、原子力の暴走をだれも止められない。何が起きても、いかにバカげたことだと気がついても、もう止められない。どんなことが起きても処罰されないわけですから。

むしろ、原発事故が起きたことによって「何をやっても大丈夫だよ」というメッセージが発信されているんです。これだけの事故を起こしても、東京電力はつぶれもしない。再稼働してまた事故が起きても、電力会社は安泰、誰も処罰されないということなんです。

もし小さな町工場が事故を起こして、何か有害なものを流したとしたら、すぐに警察が踏み込んで処罰されますよね。でも原発事故では誰も責任を問われない。ありえないことだと私は思います。

しっかりした報道番組を!

木内　私、小出さんの「騙されたあなたにも責任がある」という言葉に、ほんとうにハッとしたんです。福島の原発事故には、何万分の一にせよ、私にも責任があると思いました。それまでは興味を持たなかったし、言っても変わらないことだと思って、考えるのが嫌だったんですよ。でも事故後、「騙されたあなたにも責任がある」って言われて、「ああ、そうだ」、いまからでも遅くないから出来ることをしなくちゃ、って思ったんです。

戦争に負けて、貧しく質素でも、昔の日本人は豊かに暮らせてたわけじゃないですか。それが、電化製品があればあるだけいいと、洗脳されていったんですよ。私、高校を中退して役者の道を進むようになって、初めて一七歳で独り暮らしをした時、電化製品ひとつもない暮らしをしたんです。私へそ曲がりだから、洗濯機、冷蔵庫、ポットもない、ローソクの灯りでお風呂に入って、暗闇好きだか

ら。「あなたは根暗よね」とか言われてました(笑)。

小出 それは、すばらしい！

みどりさんは「騙されたあなたにも責任がある」という私の言葉を受け止めてくださった。けれども、ほとんどの人はいまだにそう思ってないですよ。騙したほうだって「俺が悪いんじゃない」と思うわけです。

日本人は、まず組織ありきの生き方をしてきた。でもほんとうはそれぞれ違う個性を持った人間じゃないですか。一人ひとりが、かけがえのない人生をどうおくるかこそが問題だと私は思うけれども。組織がまずあって、誰も自分のやったことの責任は問われないのです。日本人はもっと自立しなければいけないと思います。

木内 私は父を病院の事故で亡くしているんです。裁判に持ち込もうとしたのですが、巨大な病院を相手にすごく時間がかかるんですよね。担当のお医者さんはすぐ地方の病院に飛ばされ、治療の記録もコピーできないし。半年ぐらいは頑張ったんだけれど、母から止められて諦めました。その時に感じたのは、組織が巨大になると個人の判断や、責任があいまいになるということです。個人の責任や誇りが見えにくくなる。昔の日本人ってカッコいいじゃないですか。どんな庶民だってプライドを持っていた。原発が初めて稼働した一九六六年より前の暮らしに戻りたい。

――「たね蒔きジャーナル」が多くの人に支持されたのは何故でしょうか?

木内　本当のことを報道してくれたし、知りたいことをちゃんと伝えてくれたからだと思います。どんな番組でもある方向のもとに編集が加えられますよね。でも、「たね蒔きジャーナル」は、編集することなく、事実をそのまま知らせてくれたのが値打ちでした。

テレビは、事実だけをきちんと伝えてくれれば、自分で考えたり感じとったり主体的に出来るのに、説明があり、コメントがあり、ナレーションがあり、テロップがあり、うるさすぎます。あなた方は何も考えなくっていい、って言われているみたい。

小出　「たね蒔きジャーナル」に出演していた頃、私の発言をラジオ局がそのまま流していいのかなと思いました。日本という国のマスメディアでそんなことが許されるのかな、と。だから番組が潰されそうだと知ったときは、ああやっぱりなと思いました。

木内　あそこでもっと頑張れば、毎日放送もすごく評価されたのに……。

小出　「たね蒔きジャーナル」のあと、ありがたいことに、心ある人たちが「ラジオフォーラム」を始めてくれました。当初は一年持つかどうかって思いましたが、幸いまだ続いています。こんなことを言ったら悪いけれど、いつ終ってしまうか分からないと心配しています(笑)。

――リスナーの支えで、放送開始三年はクリアできそうなところまで、なんとか来ています。

小出　「たね蒔きジャーナル」をつぶさないでくれと、毎日放送にお願いに行きましたね。その時、

「私が気に入らないなら、私は出なくてもいい」と発言しました。「たね蒔きジャーナル」というのは、報道番組としてはほんとうに優れた番組です。「ニュースの種を見逃しません」と、ひとつひとつ大切なことを掘り起こして報道してきたのだから、この番組は遺してください、と心から思ったのです。「ラジオフォーラム」も、私なんか切ってくださってかまいませんから、ジャーナリズムの精神を守って、大本営発表ではなく、しっかりした報道番組として「残る」というより「大きく」なっていってほしいと願います。

——いえ、「ラジオフォーラム」では、これからも小出さんの声を定期的に伝えて行きますよ。スポンサーが付いていないので、われわれには「これは放送を遠慮しようか」というタブーなどありません。そこは既存のメディアとは決定的に違うと思います。

小出さん、木内さん、今日はどうもありがとうございました。これからもよろしくお願いします。

「ラジオフォーラム」放送記録

（二〇一五年一月末現在、肩書は出演当時）

1　小出裕章さんと考える原発事情の今　**小出裕章**（京都大学原子炉実験所助教）
2　チェルノブイリ支援の今　**小室等**（フォークシンガー）
3　日本維新の会、国政進出の思惑　**吉富有治**（ジャーナリスト）
4　社会運動成功のコツ　**マエキタミヤコ**（サステナ代表）
5　〝アラブの春〟の今　**岡真理**（京都大学教授）
6　震災とメディア　**吉岡忍**（ノンフィクション作家）
7　原発、ＴＰＰ、広域処理　**山本太郎**（俳優）
8　被災地自治体公務員のメンタルケア　**香山リカ**（精神科医）
9　イラク戦争一〇年、自己責任バッシングは何だったのか　**今井紀明**（Ｄ×Ｐ共同代表）
10　オウム真理教事件は社会に何をもたらしたのか　**森達也**（作家、映画監督）
11　橋下大阪市長の特別秘書情実採用疑惑　**阪口徳雄**（弁護士）
12　シリア内戦取材最新レポート　**西谷文和**
13　市民・地域の力でできること　**保坂展人**（世田谷区長）
14　原発事故と福島の子どもたち　**おしどり**（漫才師）
15　私は歌う　**李政美**《イ・ジョンミ》（歌手）

16 日本に住む脱北者の思い　**リ・ハナ**（日本在住の脱北者）
17 誰もが生きやすい社会とは　**大崎麻子**（ジェンダー・開発政策専門家）
18 なぜ沖縄ばかりが犠牲になるのか　**栗原佳子**（ジャーナリスト）
19 映画を撮るのは私の生き方　**纐纈あや**（映画監督）
20 在特会とヘイト活動の実態　**安田浩一**（ジャーナリスト）
21 憲法について考える　**石坂啓**（漫画家）
22 ふたつの震災が残したもの　**西岡研介**（ジャーナリスト）
23 南海トラフ地震　**渡辺実**（防災・危機管理ジャーナリスト）
24 従軍慰安婦問題を考える　**趙　博**《チョウ・バク》（歌手）
25 うまくいくんかいな？　アベノミクス　**浜矩子**（同志社大学大学院教授）
26 どうして広がる？　子供の貧困　**林恵子**（ブリッジフォースマイル代表）
27 脱原発・ドイツの廃炉事情レポート　**広瀬隆**（作家）
28 ウソと秘密のＴＰＰ　**内田聖子**（アジア太平洋資料センター事務局長）
29 大阪泉南アスベスト訴訟　**原一男**（映画監督）、**村松昭夫**（大阪アスベスト弁護団副団長、弁護士）
30 参院選を振り返る　**想田和弘**（映画監督）
31 大阪大空襲と大阪ジャーナリズム　**矢野宏**（新聞うずみ火代表、ジャーナリスト）
32 ひとをつなぐ、歴史をつなぐ　**朴慶南**《パク・キョンナム》（作家、エッセイスト）
33 東京電力記者会見と原発事故　**木野龍逸**（ジャーナリスト）
34 大阪市政と大阪都構想　**平松邦夫**（前大阪市長）
35 ＯＭＯＩＹＡＲＩを歌でつなぐ　**藤田恵美**（シンガーソングライター）

36 北朝鮮・アフガン最新取材レポート　石丸次郎・西谷文和
37 貧困問題とテレビ報道の劣化　水島宏明（ジャーナリスト、法政大学教授）
38 原発文化人五〇人斬り　佐高信（評論家、週刊金曜日編集委員）
39 日本の民主主義を考える　湯浅誠
40 〝ハト派〟政治家は今の政治状況をどう見るのか　河野洋平（元自民党総裁）
41 アフリカの知られざる表情　岩崎有一（フリーランスライター）
42 労働特区とブラック企業　北健一（ジャーナリスト）
43 ＩＴ時代、心豊かに育む教育とは　石戸奈々子（CANVAS 代表）
44 特定秘密保護法ってどんな法律？　太田健義（弁護士、日弁連秘密保全法対策本部事務局次長）
45 写真と映画で伝えたいこと　本橋成一（写真家、映画監督）
46 映像ロケーション撮影支援で地域を元気に　田中まこ（神戸フィルムオフィス代表）
47 日航123便墜落事故の真相　米田憲司（フリージャーナリスト）
48 〝婚活〟のホントの意味　白河桃子（少子化ジャーナリスト）
49 故郷を放射能に占領された！　井戸川克隆（元双葉町長）
50 ラジオで語ろう、ラジオの魅力　きゃん・ひとみ（パーソナリティー、女優）
51 おっさん中心の世に物申す　谷口真由美（全日本おばちゃん党代表代行、大阪国際大学准教授）
52 福島の女子たちが〝楽しい〟を発信！　鎌田千瑛美（ふくしま連携復興センター理事）
53 モンゴル・核廃棄物最終処分場問題　今岡良子（モンゴル研究家、大阪大学准教授）
54 振り込め詐欺、オリンピック詐欺を防ぐには　三浦佳子（消費生活コンサルタント）
55 〝積極的平和主義〟〝アンダーコントロール〟の裏に隠されているもの　アーサー・ビナード（詩人、絵本作家）

56　原子力ムラと検察　**郷原信郎**（弁護士）
57　地元が主体の〝ヒサイチ〟復興　**菊池隼**（hands 理事長）
58　ネット時代のテレビ　**立原啓裕**（メディアタレント、大阪芸術大学客員教授）
59　働く女性の新しい生き方　**外川智恵**（大正大学特命准教授、フリーアナウンサー）
60　大モメ日韓、ちょっと頭冷やしませんか　**郭辰雄**《カク・チヌン》（コリアＮＧＯセンター代表理事）
61　最期まで自分らしく生きる在宅医療、在宅ケア　**中澤まゆみ**（ノンフィクションライター）
62　シリア戦争は今どうなっているのか　**シハーブ**（日本シリア友好協会会長）
63　テレビで伝えられること、伝えられないこと　**阿武野勝彦**（東海テレビプロデューサー）
64　イランに魅せられた訳　**大村一朗**（ジャーナリスト）
65　市民の力で社会を変える　**鎌田華乃子**（コミュニティ・オーガナイジング・ジャパン代表）
66　メディアと橋下市長慰安婦発言　**景山佳代子**（神戸女学院大学専任講師）
67　事件捜査と裁判の真実、そしてマスコミは何を伝えてきたか　**江川紹子**（ジャーナリスト）
68　落語は世界を救えるか　**笑福亭鶴笑**（落語家）
69　イクメンが社会を変える!?　**安藤哲也**（ファザーリング・ジャパン副代表、タイガーマスク基金代表）
70　冤罪の在日教員が見た韓国社会の実態　**康宗憲**《カン・ジョンホン》（韓国問題研究所代表、同志社・龍谷・大阪大学非常勤講師）
71　公共放送ＮＨＫの何が問題なのか　**小田桐誠**（ジャーナリスト）
72　安倍一族を支える在日コリアン人脈　**李策**《リ・チェク》（在日韓国人三世ライター）
73　陸山会事件を振り返る　**石川知裕**（元衆議員議員）
74　これからの学校教育のあり方とは　**武田緑**（コアプラス代表、ファシリテーター）
75　戦争の中の生活、生活の中の戦争　**玉本英子**（ジャーナリスト）

76 市民が支えるメディア　山田厚史（デモクラTV代表、ジャーナリスト）
77 新聞は集団的自衛権をどう報じてきたか　松井宏員（毎日新聞記者）
78 マイノリティーの中で、自分らしく生きる　杉山文野
79 もうひとつの北朝鮮問題　榊原洋子（脱北者）
80 母になったアイドルが今、守りたいもの　千葉麗子（タレント）
81 政治が教育に介入してはならない理由　内田樹（神戸女学院大学名誉教授）
82 子どもの貧困にどう向き合うか　湯澤直美（立教大学教授）
83 テレビに出られない芸人とは　松元ヒロ（社会派エンターテイナー）
84 フォークソングから、戦争と平和を考える　小室等（フォークシンガー）
85 戦争をどう記録し伝えていくか　宮田幸太郎・小原一真（フォトジャーナリスト）
86 震災とシングルマザー　赤石千衣子（しんぐるまざあず・ふぉーらむ理事長）
87 現代のストーカー問題を考える　小早川明子（ヒューマニティ理事長）
88 原発事故、福島からの自主避難を考える　森松明希子・太田歩美（原発事故自主避難者）
89 無関心の大罪。この国に生きる責任とは　木内みどり（女優）
90 安倍政権・橋下維新によるカジノ計画　桜田照雄（阪南大学教授、経済学博士）
91 ファインダーから見た貧困と災害　安田菜津紀（フォトジャーナリスト）
92 ヘイト活動と闘う　李信恵《リ・シネ》（在日朝鮮人フリーライター）
93 イラクから見えた私たちの責任　綿井健陽（ジャーナリスト）
94 戦争の記憶を風化させない　福山琢磨（自分史研究家）
95 憲法九条を守る噺家　古今亭菊千代（落語家）

96 ネット署名で社会を変える　**ハリス鈴木絵美**（Change. org 日本代表）
97 これからどうなる？ 日本経済　**二宮厚美**（神戸大学名誉教授）
98 メディア界を振り返る　**篠田博之**（月刊『創』編集長）
99 ヘイト活動の法律規制を考える　**金明秀**《キム・ミョンス》（関西学院大学教授）
100 ＪＫ産業の実態　**仁藤夢乃**（Colabo 代表理事）
101 今、新聞ジャーナリズムが危ない　**日比野敏陽**（新聞労連前委員長、京都新聞記者）
102 メディアの病理　**下村健一**（元内閣広報審議官、慶應大学特別招聘教授）
103 パイロットしか知らない日米安保　**山口宏弥**（日航パイロット不当解雇撤回裁判原告団長）
104 人工知能の最前線から　**新井紀子**（国立情報学研究所教授）
105 阪神淡路大震災復興の二〇年　**山地久美子**（神戸まちづくり研究所副理事長）
106 ワシントンの対日政策をどう動かすか　**猿田佐世**（弁護士、新外交イニシアティブ事務局長）
107 なぜ四割の得票で八割の議席なのか　**上脇博之**（神戸学院大学法科大学院教授）

聴き方ガイド　（2015年1月末現在）

番組は以下の方法でお聴きになれます．放送局・放送日時・地域など変わる場合もありますので，最新の情報は「ラジオフォーラム」ウェブサイト http://www.rafjp.org/ でご確認ください．

AM放送局

KBS京都，南海放送，NBC長崎放送，RKK熊本放送，ROKラジオ沖縄

コミュニティFM局

［北海道］　三角山放送局／FMりべーる／FMおたる／FM・JAGA／Airてっし／FMねむろ／ラジオふらの

［東北］　FMいわぬま／Radio A／FMゆーとぴあ／FM POCO／もとみやFMモットコム／ココラジ

［関東甲信越・北陸・東海］　FMぱるるん／FMチャッピー／FMうらやす／エフエムたちかわ／エフエム西東京／FM湘南ナパサ／FMさがみ／エフエムとおかまち／ラジオアガット／FMゆきぐに／エフエムいみず／FMわっち／FMらら／FM Haro!

［近畿］　京都三条ラジオカフェ／ラヂオきしわだ／FM HANAKO／FMわぃわぃ／FM宝塚／BAN-BANラジオ／FMジャングル／FMみっきぃ／ならどっとFM

［中国・四国］　FMくらしき／B・FM791／FMラヂオバリバリ／FMがいや

［九州］　えびすFM／壱岐エフエム／FMかのや／FMきもつき／FM志布志／FMたるみず

［海外／カナダ］　CHMB AM1320 Radio日本

サイマルラジオ　http://www.simulradio.info/

コミュニティFM放送をリアルタイムで聴けます．

「ラジオフォーラム」ウェブサイト

アーカイブページ http://www.rafjp.org/program より過去の放送を聴けます．

ポッドキャスト Podcast

スマートフォン，タブレット，音楽配信ソフトへ番組を配信．設定方法は http://www.rafjp.org/howto/ 参照．

著者略歴

石井　彰　放送作家．ラジオ，テレビのドキュメンタリー番組構成を手掛ける．民間放送連盟賞など受賞多数．共著に『シリーズ 日本のドキュメンタリー 4 産業・科学編』(岩波書店)など．

石丸次郎　ジャーナリスト．アジアプレス大阪事務所代表．長年，朝鮮半島を取材．北朝鮮国内にジャーナリストを育成．専門誌『リムジンガン』編集発行人．

今西憲之　ジャーナリスト．大阪を拠点に取材活動を展開，週刊誌・月刊誌に寄稿．著書に『福島原発の真実 最高幹部の独白』(朝日新聞出版)など．

景山佳代子　神戸女学院大学文学部専任講師．専門は社会学，主にメディアと社会意識を研究．著書に『性・メディア・風俗』(ハーベスト社)など．

木内みどり　女優．テレビドラマ，映画，舞台に多数出演．ドキュメンタリーのナレーションや司会でも活躍．Web サイト「マガジン 9」にコラム「木内みどりの発熱中！」を連載．

小出裕章　京都大学原子炉実験所助教．専門は放射線計測，原子力安全．専門家の立場から，一貫して原子力の危険性を訴え続ける．著書に『隠される原子力・核の真実』(創史社)など多数．

谷岡理香　アナウンサーを経て東海大学文学部広報メディア学科教授．専門はメディア，ジェンダー．共編著に『テレビ報道職のワーク・ライフ・アンバランス』(大月書店)など．

西谷文和　フリーランスジャーナリスト．主に中東での取材を長年続ける．「イラクの子どもを救う会」代表．「平和・協同ジャーナリスト基金賞」受賞．

湯浅　誠　社会活動家．法政大学教授．著書『ヒーローを待っていても世界は変わらない』(朝日文庫)．『反貧困』(岩波新書)により「平和・協同ジャーナリスト基金賞」「大佛次郎論壇賞」受賞．

ラジオは真実を報道できるか
——市民が支える「ラジオフォーラム」の挑戦

2015年2月26日　第1刷発行

著　者　ラジオフォーラム
小出裕章《こいでひろあき》

発行者　岡本　厚

発行所　株式会社　岩波書店
〒101-8002　東京都千代田区一ツ橋2-5-5
電話案内　03-5210-4000
http://www.iwanami.co.jp/

印刷・精興社　製本・松岳社

ISBN978-4-00-025501-1　Printed in Japan